大学计算机基础实验教程

李晓静 主 编

韩 丹 刘思圻 副主编

孙 琰 张丽伟 王光宇 潘 彤 参 编
邓 华 赵 蕾 李海玉 刘昌明

清华大学出版社
北 京

内 容 简 介

本书为"大学计算机基础"课程配套实验教材,按照大学计算机基础课程教学基本要求进行编写,运用了布鲁姆教育目标分类学理论和建构主义理论,采取"目标牵引—知识梳理—任务驱动—实践指导—实战演练—综合进阶"的编写思路,循序渐进地将计算思维落到实处。本书共 8 章,包括 Windows 7 操作系统、办公自动化软件、Python 程序设计、信息编码、计算机系统组成、计算机网络基础、数据库技术基础、多媒体技术基础。本书内容编排精练实用、针对性强,以任务驱动方式设计基础实验和拓展实验,帮助学生深入理解课程内容,突出对解决问题能力和自主学习能力的培养。在每章的开篇,我们撷取了与章节内容有关的名人名言,植入思政元素,培育学生的计算机科学文化素养。

本书可作为高等院校非计算机类专业学生学习"大学计算机基础"课程的教材使用,也可供相关人员学习参考。

图书在版编目(CIP)数据

大学计算机基础实验教程/李晓静主编. —北京:清华大学出版社,2024.4(2024.9重印)
ISBN 978-7-302-65932-7

Ⅰ. ①大… Ⅱ. ①李… Ⅲ. ①电子计算机-高等学校-教材 Ⅳ. ①TP3

中国国家版本馆 CIP 数据核字(2024)第 065021 号

责任编辑:吴梦佳
封面设计:常雪影
责任校对:袁 芳
责任印制:宋 林

出版发行:清华大学出版社
　　　网　　　址:https://www.tup.com.cn,https://www.wqxuetang.com
　　　地　　　址:北京清华大学学研大厦 A 座　　　邮　　编:100084
　　　社 总 机:010-83470000　　　邮　　购:010-62786544
　　　投稿与读者服务:010-62776969,c-service@tup.tsinghua.edu.cn
　　　质量反馈:010-62772015,zhiliang@tup.tsinghua.edu.cn
印 装 者:三河市铭诚印务有限公司
经　　销:全国新华书店
开　　本:185mm×260mm　　　印　张:12.75　　　字　数:308 千字
版　　次:2024 年 4 月第 1 版　　　印　次:2024 年 9 月第 2 次印刷
定　　价:45.00 元

产品编号:104617-01

前　言

随着计算机的广泛运用，一种新的思维方式应运而生，那就是计算思维。自2006年计算机科学家周以真提出"计算思维"以来，计算思维和理论思维、实验思维共同构成了科学思维的三大支柱。近年来，以物联网、云计算、大数据和人工智能等为代表的新一代信息技术的飞速发展，使计算思维成为人人应该具备的能力素质。计算机发展的新形势、新变化，对高等院校计算机基础教育也提出了新的要求。

依据教育部高等学校大学计算机课程教学指导委员会出台的《新时代大学计算机基础课程教学基本要求》，"大学计算机基础"是本科学历教育的第一门计算机通识课程，肩负着培养计算思维"第一课"的重任。立足课程定位和培养目标，与以往对比，当前课程呈现出以下两点变化：一是内容体系的转型，当前课程内容体系由原来的"计算机基础知识和办公自动化软件"，调整为覆盖计算机科学各子学科的主要领域和核心知识，拓宽了内容的广度，全景式展现计算机学科全貌；二是课程理念的转变，课程以 Python 语言为载体，从"知识输出"转型为"计算思维能力培养"。通过 Python 语言编程实践，从程序员视角理解、感受和体验计算机背后的工作原理，加深学生对计算学科的认知和了解，强化计算思维能力的培养。

从理论知识到能力素质生成的链条中，实践是至关重要的一环。在内容设计上，本书遵循能力生成规律，紧密围绕"问题求解"，以"目标牵引—任务驱动—实战演练—能力进阶"为路径，按认知型、设计型和创新型三个梯度设计实践任务，通过创设具体问题情境，以 Python 语言为工具，在问题求解中循序渐进地提升实践创新能力，将计算思维培养落地。在内容组织上，本书包括操作系统和 Office 办公自动化软件、Python 程序设计与算法、信息编码、计算机系统组成、计算机网络基础、数据库技术基础、多媒体技术基础，体现出信息处理的"符号化、计算化、自动化"的逻辑链条。本书实践内容组织与理论知识模块密切配合，以目标为导向，以任务为牵引，突出问题求解能力、自主学习能力和计算思维能力的培养。从框架结构上，通过"写在前面的话""教与学建议""实验目标"，明确实验的意义、价值和目的，既可以为教师组织实施实践教学提供有益参考，也能够为学生课上实践、课外自主学习提供有效指导；通过"知识梳理"，重温理论内容，梳理知识脉络，将理论与实践相结合，为开展实践学习奠定扎实的理论基础。通过"实验内容""实验指导""实战练习"，明确实践教学的内容与方法，指导完成基本实验任务。通过"综合实验""Python 拓展实验"，促进高阶能力的生成，实现能力的跃升与迁移。同时，本书兼顾思政育人，融盐入水，在每章的开篇撷取了名人名言，融入思政元素，培育学生的计算机科学文化素养。

　　本书由李晓静负责总体设计和组稿。第 1 章由张丽伟编写，第 2 章由孙琰、王光宇、邓华编写，第 3 章由韩丹编写，第 4 章、第 7 章由李晓静编写，第 5 章由刘思圻编写，第 6 章由赵蕾、李海玉、刘昌明编写，第 8 章由张晶、潘彤、李晓静编写。同时，刘思圻负责各章Python 程序的编写和调试。全书的统稿和修改工作由李晓静负责，韩丹协助完成。本书在编写过程中得到很多一线教师的帮助，还参考了很多文献资料和网络素材，在此向所有给予我们帮助的老师和有关作者表示衷心的感谢。此外，感谢清华大学出版社对本书出版工作的大力支持，在此一并表示衷心的感谢。

　　随着计算机技术的快速迭代更新，大学计算机基础课程也在不断地发展和变革，由于编者水平有限，书中难免有不足和疏漏之处，恳请广大读者批评、指正。

编　者

2023 年 11 月

目　录

第 1 章　Windows 7操作系统

How you gather，manage and use information will determine whether you win or lose.

你获取、管理和运用信息的方式将决定你的成败。

——微软公司创始人比尔·盖茨(Bill Gates)

【写在前面的话】

操作系统可以说是计算机的"心智"，它赋予了计算机"灵性"与"活力"。它是计算机赖以运行的控制中心，管理和控制着计算机系统的软件和硬件资源，并为用户提供人机交互的友好界面。通过操作系统可以全景式、粗粒度地展现程序运行概貌，揭开操作系统的神秘面纱，让我们更懂计算机。

目前，比较主流的操作系统有 Windows、UNIX、Linux、嵌入式系统等。其他的常用操作系统还有 macOS、NetWare、OS/2 等，以及用于手持设备的 iOS、Android 等。本章主要介绍 Windows 7 操作系统。

通过本章实验，学生应熟练掌握 Windows 7 基本和高级系统设置、文件和文件夹管理，学会 Windows 7 的常用功能与操作方法，为下一步学习 Office 组件打好基础。同时，通过 Python 拓展实验，了解操作系统的进程管理机制，进一步加深理解操作系统的工作原理，打破技术神秘感，轻松玩转操作系统。

【教与学的建议】

教的建议：建议采取"任务驱动＋操作演示"教学法，从任务出发，围绕任务的解决、能力的拓展组织开展教学。

学的建议：建议采取"课前预习教材＋课上实战练习＋课下自主学习"的方式学习本章内容。课前，预习实验教材，了解实验内容并发现问题；课上，针对实验任务，结合教师演示讲解，再通过上机实践操作，完成实验任务，解决预习困惑，达成教学目标；课下，针对实践中存在的问题，通过查阅资料，自主上机，解决问题。

1.1　实验 1：Windows 7 系统设置

【实验目标】

(1) 个性化设置 Windows 7 系统。

（2）设置任务栏和开始菜单。

【知识梳理】

1. 核心内容

（1）设置桌面主题、背景、窗口颜色、声音、屏幕保护程序、显示设置，以及更改桌面图标。

（2）设置任务栏、开始菜单的属性。

2. 常用操作及步骤

Windows 7 系统常用操作汇总如表 1-1 所示。

表 1-1　Windows 7 系统常用操作汇总

序号	常 用 操 作	操 作 步 骤
1	桌面主题、背景、窗口颜色、声音等个性化设置	右击桌面空白处，弹出快捷菜单→单击"个性化"→进行设置
2	设置任务栏	右击"任务栏"空白处，弹出快捷菜单→单击"属性"→进行设置
3	设置开始菜单	右击"开始"菜单，弹出快捷菜单→单击"属性"→进行设置
4	查看本机 IP 地址	方法 1：窗口方式 右击桌面"网络"图标，弹出快捷菜单→单击"属性"→单击"本地连接"→单击"属性"→双击"Internet 协议版本 4" 方法 2：命令行方式 单击"开始"菜单→在"搜索文件和程序"处输入 cmd→按下 Enter 键→在命令行输入 ipconfig/all→查看 IP 地址

【实验内容】

任务描述：对 Windows 7 系统进行个性化设置。

（1）个性化桌面，在桌面添加"控制面板"图标。

（2）设置桌面主题为"中国"。

（3）设置桌面背景为纯色图片。

（4）设置屏幕保护程序为"气泡"，等待时间为 5 分钟。

（5）设置窗口颜色为"大海"，启用透明效果。

（6）设置声音方案为"无声"。

（7）设置屏幕字体为 150%，屏幕分辨率为 1 280×768，屏幕刷新频率为 60 赫兹。

（8）设置任务栏。

① 设置屏幕上任务栏位置在桌面顶部显示。

② 设置任务栏按钮为"从不合并"。

③ 设置"始终在任务栏上显示所有图标和通知"。

（9）设置"开始"菜单。

① 存储并显示最近在开始菜单中打开的程序。

② 存储并显示最近在开始菜单和任务栏中打开的项目。

③ 开始菜单的电源按钮操作设置为"睡眠"。

④ 开始菜单中最近打开过程序的数目为 5。

⑤ 开始菜单中要显示跳转列表中的最近使用的项目数为 5。

(10) 查看本机 IP 地址。

【实验指导】

(1) 个性化桌面,在桌面添加"控制面板"图标。

① 右击桌面空白处,弹出快捷菜单→选择"个性化"命令,打开"个性化"窗口,如图 1-1 所示。

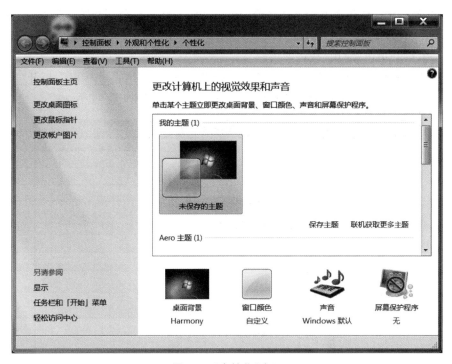

图 1-1 "个性化"窗口

② 单击左侧"更改桌面图标",弹出"桌面图标设置"对话框→勾选"控制面板"复选框→单击"确定"按钮,即可添加"控制面板"图标。

(2) 设置桌面主题为"中国"。

打开"个性化"窗口→选择主题样式"中国",即可完成主题设置。

(3) 设置桌面背景为纯色图片。

打开"个性化"窗口→单击"桌面背景",打开"桌面背景"窗口→单击"浏览"按钮→选择背景图片所在文件夹→单击"保存修改",即可设置选定的桌面背景。

小贴士

设置多张背景图片:可以同时选择多张图片作为背景,以幻灯片方式按一定时间间隔更换图片,设置方法为选中多张图片→单击"更改图片时间间隔"下拉按钮→选择"时间间隔"。

(4) 设置屏幕保护程序为"气泡",等待时间为 5 分钟。

打开"个性化"窗口→单击"屏幕保护程序",弹出"屏幕保护程序设置"对话框→单击

"屏幕保护程序"选项区下拉按钮→选择"气泡"→设置等待时间为"5分钟"→单击"确定"按钮即可。

（5）设置窗口颜色为"大海"，启用透明效果。

打开"个性化"窗口→单击"窗口颜色"，弹出"窗口颜色和外观"对话框→选中"大海"颜色并"启用透明效果"选项。

（6）设置声音方案为"无声"。

打开"个性化"窗口→单击"声音"，弹出"声音"对话框→在"声音方案"下拉列表中选择"无声"。

（7）设置屏幕字体为150％，屏幕分辨率为1 280×768，屏幕刷新频率为60赫兹。

① 设置字体：打开"个性化"窗口→单击左侧"显示"选项，弹出"显示"对话框→选中"较大－150％"→单击"应用"按钮即可。

② 设置分辨率：右击桌面空白处，弹出快捷菜单→单击"屏幕分辨率"，打开"屏幕分辨率"窗口→在"分辨率"列表框中拖动滑块至1 280×768位置，如图1-2所示。

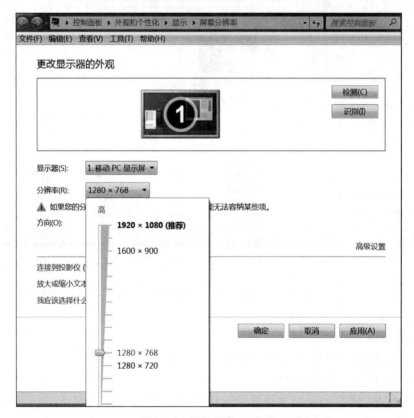

图1-2　"屏幕分辨率"窗口

③ 设置屏幕刷新频率：单击"屏幕分辨率"窗口中的"高级设置"，弹出对话框→切换到"监视器"选项卡→设置屏幕刷新频率为60赫兹→单击"确定"按钮，返回"屏幕分辨率"窗口→单击"确定"按钮，完成设置。

（8）设置任务栏。

① 右击"任务栏"空白处，弹出快捷菜单→选择"属性"，弹出"任务栏和「开始」菜单属

性"对话框,如图 1-3 所示。

图 1-3　"任务栏和「开始」菜单属性"对话框

　　② 在对话框中设置"锁定任务栏""自动隐藏任务栏""使用小图标",屏幕上的任务栏位置下拉列表中选择"顶部",任务栏按钮下拉列表中选择"从不合并"。

　　③ 在对话框中"通知区域"中单击"自定义"按钮,选中"始终在任务栏上显示所有图标和通知",即可设置。

　　小贴士

　　任务栏上的按钮可以按下述 3 种方式显示。

　　(1) 始终合并、隐藏标签:默认设置。每个程序显示为一个无标签的图标,即使打开某个程序的多个项目时也是如此。

　　(2) 当任务栏被占满时合并:设置后将每个项目显示为一个有标签的图标。当任务栏变得非常拥挤时,具有多个打开项目的程序折叠成一个程序图标,单击图标显示打开的项目列表。

　　(3) 从不合并:与"当任务栏被占满时合并"相似,不同的是设置后打开多个窗口时图标不会折叠成一个程序图标。随着打开的程序和窗口越来越多,图标会缩小并且最终在任务栏中滚动。

　　(9) 设置"开始"菜单。

　　① 右击"任务栏"空白处,弹出快捷菜单→选择"属性"选项,弹出"任务栏和「开始」菜单属性"对话框,如图 1-3 所示→切换到"「开始」菜单"选项卡。

　　② 设置"存储并显示最近在开始菜单中打开的程序""存储并显示最近在开始菜单和任务栏中打开的项目",电源按钮操作为"睡眠"。

　　③ 单击"自定义"按钮,弹出"自定义「开始」菜单"对话框→设置"「开始」菜单中最近打开过程序的数目为 5","「开始」菜单中要显示跳转列表中的最近使用的项目数为 5"。

　　小贴士

　　(1) 清除"开始"菜单中最近打开的文件或程序。操作方法如下:右击"开始"按钮,弹出快捷菜单→选择"属性"项→在"任务栏和「开始」菜单属性"对话框中,取消复选框"存储并显示最近在「开始」菜单中打开的程序"或"存储并显示最近在「开始」菜单和任务栏中打开的项目"的勾选,可以清除最近打开的程序或项目。

（2）自定义"开始"菜单的右窗格,可以添加或删除出现在"开始"菜单右侧的项目,如计算机、控制面板和图片,还可以更改一些项目,使它们显示为链接或菜单。操作方法如下:在"自定义「开始」菜单"对话框中从列表中选择所需选项,单击"确定"按钮即可。

（10）查看本机 IP 地址。

① 方法 1:窗口方式。右击桌面"网络"图标,弹出快捷菜单→选择"属性",打开"网络和共享中心"窗口→单击"本地连接",打开窗口→单击"属性"按钮,打开窗口→在"网络"选项卡中双击"Internet 协议版本 4(TCP/IPv4)",打开"属性"窗口,显示 IP 地址信息。

② 方法 2:命令行方式。单击"开始"按钮→在"搜索文件和程序处"输入 cmd→按下 Enter 键,打开命令行窗口。在提示符">"下输入 ipconfig/all,显示所示信息,其中 IPv4 地址即为本机 IP 地址。

✎小贴士

IP 地址是每个联网的计算机在网络上的唯一标识。

通过以上方式还可以查看物理地址、默认网关、子网掩码和 DNS 服务器等参数。

【实战练习】

（1）设置屏幕分辨率为 1 280×720。

（2）设置桌面主题为 sonye。

（3）设置声音方案为"风景"。

（4）设置任务栏为"当任务栏被占满时合并"。

（5）隐藏音量图标和通知。

（6）使用 Aero Peek 的预览桌面。

（7）设置开始菜单的电源按钮操作为"注销"。

（8）设置开始菜单中最近打开过程序的数目为 10。

（9）查看本机 MAC 地址。

（10）设置屏幕保护程序为"变换线",等待时间为 3 分钟。

1.2　实验 2:Windows 7 文件和文件夹管理

【实验目标】

操作文件和文件夹。

【知识梳理】

1. 核心内容

（1）文件及文件夹的新建、复制、移动、删除、重命名及属性设置。

（2）文件及文件夹的压缩、快捷方式创建、搜索及排列方式设置。

2. 常用操作及步骤

Windows 7 文件和文件夹管理常用操作汇总如表 1-2 所示。

表 1-2 Windows 7 文件和文件夹管理常用操作汇总

序号	常 用 操 作	步 骤
1	新建	快捷菜单：右键快捷菜单→新建→文件夹/某一类型文件
2	复制/粘贴	（1）快捷菜单：选定对象→右键快捷菜单→复制→粘贴 （2）快捷键：复制(Ctrl+C)+粘贴(Ctrl+V)
3	移动/粘贴	（1）快捷菜单：选定对象→右键快捷菜单→剪切→粘贴 （2）快捷键：剪切(Ctrl+X)+粘贴(Ctrl+V)
4	重命名	（1）快捷菜单：选定对象→右键快捷菜单→重命名 （2）快捷操作：缓慢双击对象→名字反显即可重命名
5	删除	（1）快捷菜单：选定对象→右键快捷菜单→删除 （2）快捷键：删除(Delete)
6	设置属性	快捷菜单：选定对象→右键快捷菜单→属性→只读/隐藏 　　　　　　选定对象→右键快捷菜单→属性→高级→存档
7	压缩	快捷菜单：选定对象→右键单击快捷菜单→添加到压缩文件…
8	查找/搜索	打开搜索位置→在搜索栏输入查找的文件名 说明：在搜索栏可以设置查找条件，如文件大小和修改日期
9	设置排列方式	快捷菜单：打开排列位置→右键快捷菜单→排列方式
10	创建快捷方式	创建快捷方式的通用方法 快捷菜单：右键快捷菜单→新建→快捷方式

📝小贴士

对文件/文件夹操作之前必须设置"取消隐藏文件扩展名"和"显示隐藏文件"。设置方法：打开资源管理器，单击左侧"组织"按钮→单击"文件夹和搜索选项"→设置"显示隐藏文件"和取消"隐藏已知文件类型扩展名"。

属性一般包括三种：只读、隐藏、存档。存档属性需要在"高级"下进行设置。

文件移动必须使用剪切、粘贴操作，不能使用复制、粘贴操作。

文本文件的扩展名为.txt。

文件和文件夹的一般操作均可通过右键快捷菜单实现。

【实验内容】

任务描述：实现对文件夹的操作。

（1）在 D 盘根目录下新建文件夹 EXAM1，并在文件夹内新建一个文本文件"Fly.txt"，输入内容为"我要飞行"。

（2）复制文件"Fly.txt"，并将复制的文件重命名为"Flying.txt"，设置文件属性为只读和存档，删除文件"Fly.txt"。

（3）将文件夹 EXAM1 中的"Flying.txt"压缩为"Flying.rar"压缩文件。

（4）在 D 盘根目录下新建文件夹 EXAM2，在 EXAM2 文件夹内创建一个名为"JSQ"的快捷方式，对应的命令为"C:\Windows\System32\Calc.exe"。

（5）搜索文件/文件夹。

① 搜索 C 盘中扩展名为".dll"的文件，并将按名称从大到小排列在最前面的两个文件

移动到文件夹 EXAM2 中。

② 搜索 D 盘中满足下列条件的文件：文件名含有"u"，小于"10KB"，把查找到的第一文件复制到文件夹 EXAM1 中。

【实验指导】

特别提示：在对文件/文件夹操作之前必须先设置"取消隐藏文件扩展名"和"显示隐藏文件"。具体操作见"知识梳理"中的"小贴士"。

（1）在 D 盘根目录下新建文件夹 EXAM1，并在文件夹内新建一个文本文件"Fly.txt"，输入内容为"我要飞行"。

① 打开 D:\ → 右击，弹出快捷菜单 → 选择"新建" → 选择"文件夹" → 命名为"EXAM1"。

② 打开"EXAM1"文件夹 → 右击，弹出快捷菜单 → 选择"新建" → 选择"文本文档" → 命名为"Fly.txt" → 打开文档 → 输入内容"我要飞行"。

（2）复制文件"Fly.txt"，并将复制的文件重命名为"Flying.txt"，设置文件属性为只读和存档，删除文件"Fly.txt"。

① 复制。选定文件"Fly.txt" → 右击，弹出快捷菜单 → 选择"复制" → 右击，弹出快捷菜单 → 选择"粘贴"。

② 重命名。选定复制后的文件 → 右击，弹出快捷菜单 → 选择"重命名" → 输入新名字"Flying.txt"。

③ 设置属性。选定文件"Flying.txt" → 右击，弹出快捷菜单 → 属性 → 勾选"只读"选项，设置只读属性 → 单击"高级"按钮 → 勾选"可以存档文件"选项，设置存档属性。

（3）将文件夹 EXAM1 中的"Flying.txt"压缩为"Flying.rar"压缩文件。

选中文件 → 右击，弹出快捷菜单 → 选择添加到"Flying.rar"。

小贴士

如果同时选中多个对象进行压缩，则多个文件被压缩到一个文件中。

如果需要进一步设置压缩的相关参数，则在快捷菜单中选择"添加到压缩文件…"，可以设置压缩格式、密码、压缩方式等参数。

上述压缩功能可以借助 WinRAR 压缩软件实现，也可以使用 Windows 自带的压缩功能实现，方法如下：选中文件 → 右击，弹出快捷菜单 → 发送到 → 压缩（zipped）文件夹，压缩文件格式为 zip 格式。

解压缩方法如下：选中文件 → 右击，弹出快捷菜单 → 选择"解压文件…"。

（4）在 D 盘根目录下新建文件夹 EXAM2，在 EXAM2 文件夹内创建一个名为"JSQ"的快捷方式，对应的命令为"C:\Windows\System32\Calc.exe"。

新建文件夹 EXAM2 → 打开文件夹 EXAM2 → 右击，弹出快捷菜单 → 选择"新建" → 快捷方式 → 单击"浏览"按钮 → 找到文件所在位置"C:\Windows\System32\Calc.exe" → 单击"下一步"按钮 → 输入快捷方式名称"JSQ" → 单击"完成"按钮。

（5）搜索文件/文件夹。

① 搜索 C 盘中扩展名为".dll"的文件，并将按名称从大到小排列在最前面的两个文件

移动到文件夹 EXAM2 中。

a. 搜索。双击"计算机"图标打开资源管理器→打开 C 盘→在搜索框中输入 ∗ . dll,即可开始搜索。

b. 设置排列方式。搜索完毕后鼠标移至窗口空白位置→右击,弹出快捷菜单→选择"排列方式"→单击"名称",以同样的方式选中"递减",搜索的文件按照名称由大到小排列显示。

c. 移动。同时选中排在最前面的两个文件→右击,弹出快捷菜单→选择"剪切"→打开文件夹 EXAM2→右击,弹出快捷菜单→选择"粘贴"。

② 搜索 D 盘中满足下列条件的文件:文件名中含有"u",小于"10KB",把查找到的第一个文件复制到文件夹 EXAM1 中。

a. 搜索。双击"计算机"图标,打开资源管理器→打开 C 盘→在搜索框中输入 u →在添加搜索筛选器下单击大小,选择"微小(0-10K)",即可开始搜索。

b. 复制。选中搜索到的第一个文件→右击,弹出快捷菜单→选择"复制"→打开文件夹 EXAM1→右击,弹出快捷菜单→选择"粘贴"。

✍小贴士

复制的文件/文件夹可以粘贴多次,而剪切的文件/文件夹只能粘贴一次。

选定多个文件的方法:①连续文件,按住 Shift 键,单击第一个和最后一个文件,就能选中此区间的所有连续文件;②不连续文件,按住 Ctrl 键,单击要选中的文件。

【实战练习】

(1) 在 C 盘根目录下新建一个名为"Test"的文件夹,在该文件夹下新建一个文本文件"练习. txt",输入内容为"记事本帮助信息"。

(2) 查找 C 盘中扩展名为". docx"的文件,并按大小递增方式排列,将排列后的前两个文件复制到"Test"文件夹中。

(3) 将"Test"文件夹中的第一个". docx"文件移动到"D:\"。

(4) 在桌面上建立"Test"文件夹的快捷方式,并将其改名为"AAA"。

(5) 将文件"练习. txt"设置为隐藏属性。

(6) 删除"Test"文件夹中的"练习. txt"。

(7) 还原"回收站"中的"练习. txt"文件。

(8) 搜索 C 盘根目录,并将以"E"和"F"开头的第一个文件移动到文件夹"Test"中。

(9) 将文件夹"Test"压缩为"练习. rar"文件。

1.3　实验 3:Windows 7 高级系统设置

【实验目标】

(1) 使用控制面板创建及管理用户账户。

(2) 使用控制面板卸载程序及硬件。

(3) 实现远程桌面连接。

（4）使用 Windows 7 任务管理器观察进程并终止应用程序。

【知识梳理】

1．核心内容

（1）创建用户账户。

（2）通过控制面板卸载程序和硬件。

（3）设置远程桌面连接。

（4）任务管理器的使用。

2．常用操作及步骤

Windows 7 高级系统设置常用操作汇总如表 1-3 所示。

表 1-3　Windows 7 高级系统设置常用操作汇总

序号	常 用 操 作	步　　骤
1	创建账户	控制面板→添加或删除用户账户→创建一个新账户
2	卸载程序	控制面板→卸载程序
3	卸载硬件	右击"计算机"图标，弹出快捷菜单→选择"设备管理器"→双击所要卸载硬件图标→右击该图标，在弹出的快捷菜单中选择"卸载"
4	远程桌面连接	1．远程计算机 （1）开启远程桌面功能。右击桌面"计算机"图标→选择"属性"→选择"高级系统设置"→选择"远程"→选择"远程桌面"下的第二项→单击"确定"按钮 （2）查看 IP 地址 2．本地计算机 单击"开始"菜单→选择"所有程序"→选择"附件"→选择"远程桌面连接"→输入远程计算机 IP 地址→输入远程计算机用户名和密码→单击"确定"按钮
5	结束任务或进程	启动任务管理器（Ctrl＋Alt＋Delete 组合键）→选中应用程序→单击"结束任务"按钮

【实验内容】

任务描述：实现对 Windows 7 的高级系统设置。

（1）创建一个用户账户，用户名为"xiaohua"。

（2）卸载应用程序 Microsoft Office Professional Plus 2016。

（3）卸载硬件网卡。

（4）设置远程桌面连接。

（5）打开"记事本"应用程序，并通过任务管理器结束该应用程序。

【实验指导】

（1）创建一个用户账户，用户名为"xiaohua"。

① 打开"控制面板"窗口→单击"用户账户""管理账户"窗口→单击"创建一个新账户"窗口→输入新用户名 xiaohua。

② 单击"创建账户"按钮,即可创建一个新账户。

小贴士

通过"管理用户账户"功能,选定已建账户后,还可以完成更改账户设置,包括更改账户名称、创建密码、更改账户图片、删除账户等。

控制面板是 Windows 7 系统"开始"菜单的一个重要组成部分,是对系统本身进行个性化设置的一个工具集,控制了有关 Windows 外观和工作方式的所有设置,包括外观和个性化、网络和 Internet 连接、硬件和声音、时钟语言和区域、系统和安全、用户账户和家庭安全、安装和卸载程序等操作。

(2) 卸载应用程序 Microsoft Office Professional Plus 2016。

① 打开"控制面板"窗口→单击"卸载程序",打开"程序和功能"窗口。

② 选择 Microsoft Office Professional Plus 2016 选项→右击,弹出快捷菜单→单击"卸载"按钮,弹出对话框,单击"是"按钮开始卸载→显示卸载成功,单击"关闭"按钮即可。

小贴士

使用"控制面板"中的"程序和功能",可以卸载、更改或修复程序、添加/删除 Windows 组件及应用程序。

(3) 卸载硬件网卡。

右击桌面"计算机"图标,弹出快捷菜单→选择"设备管理器"→双击"网络适配器",显示出网卡硬件设备→右击网卡,弹出快捷菜单→选择"卸载",在弹出的对话框中勾选"删除此设备的驱动程序软件"→单击"确定"按钮即可。

(4) 设置远程桌面连接。

① 设置远程计算机。开启远程桌面功能:右击桌面"计算机"图标→选择"属性"→选择"高级系统设置"→选择"远程"→在"远程桌面"下选择第二项"允许运行任意版本远程桌面的计算机连接(较不安全)"→单击"确定"按钮,如图 1-4 所示。

图 1-4　设置"远程"窗口

② 设置本地计算机。单击"开始"菜单→单击"所有程序"→选择"附件"→选择"远程桌面连接"。在弹出的对话框中,输入远程计算机 IP 地址,如图 1-5 所示,单击"连接"按钮,弹出如图 1-6 所示对话框,输入远程计算机用户名和密码,显示正在远程加密连接,显示远程计算机桌面则表示远程登录成功。

图 1-5　输入远程计算机 IP 地址

图 1-6　输入远程计算机用户名和密码

小贴士

远程桌面连接是使用本机计算机连接其他位置的计算机并运行程序或文件。

两台计算机要在同一网络中才能实现远程连接。

远程桌面连接不属于黑客行为,因为连接行为操作系统均知情。

远程桌面连接存在一定的网络安全隐患,数据传输的安全级别不够高,要慎用。

(5) 打开"记事本"应用程序,并通过任务管理器结束该应用程序。

① 单击"开始"菜单→单击"所有程序"→选择"附件"→选择"记事本",启动该应用程序。

② 按 Ctrl+Alt+Delete 组合键→单击"启动任务管理器",启动"任务管理器"窗口。

③ 在"应用程序"中找到"记事本"程序对应的任务,单击右下角的"结束任务"按钮,或者在"进程"中找到"notepad.exe",单击右下角的"结束进程"按钮,即可结束该应用程序。

小贴士

应用程序进程既可在"应用程序"中终止,也可在"进程"中终止。但这样终止进程可能会造成正编辑的数据丢失,所以一般只使用这种方法终止长时间"未响应"的程序。

"应用程序"中可以看到任务名称和状态,是"正在运行"还是"未响应"。

"进程"中可以看到进程名、用户名、使用 CPU 情况、使用内存情况和简介等。在"进程"标签下显示所有进程,有的可能在后台运行,没有界面,甚至是系统进程,为其他进程提供服务。

【实战练习】

(1) 为新用户账户"xiaohua"创建用户密码。

(2) 卸载并安装 360 杀毒软件。

(3) 查看进程 explorer.exe,终止该进程并观察界面。

（4）观察一个程序对应的进程数，并结束该任务。

*1.4 实验4：Python拓展之查看进程信息

【实验目标】

利用Python查看进程信息。

【知识梳理】

进程是操作系统最核心的内容之一。简单地说，进程就是正在运行的程序。通过查看进程信息，可以更直观地了解进程动态。Python中的psutil库提供了查看系统各种资源状态的方法，实现Windows任务管理器等程序的功能。该模块是跨平台的，即编写的代码在Windows、Linux或macOS X上都可以运行，能获得各类资源的状态。psutil中定义了几个和进程相关的函数，如表1-4所示。

表1-4 psutil中与进程相关的函数汇总

序号	常用函数	功 能
1	pids()	获取当前所有正在运行的进程ID
2	pid_exists(pid)	判断ID为pid的进程是否存在
3	process_iter()	返回一个迭代器，通过它可以遍历所有正在运行的进程

psutil中定义了Process类，以进程ID为参数，可以实例化一个Process对象，通过Process类提供的各种方法，可以查看该ID对应的进程的各类信息。Process类常用的方法如表1-5所示。

表1-5 Process类常用的方法

序号	常用方法	功 能
1	oneshot()	该方法可一次获得进程的多种信息，且获取速度快
2	name()	返回进程的名字
3	exe()	返回进程对应的可执行程序的绝对路径
4	create_time()	返回进程的创建时间
5	status()	返回进程的状态
6	cwd()	返回进程当前的工作路径，以绝对路径形式给出
7	cpu_times()	返回进程累计使用CPU的时间，单位是秒

【实验内容】

（1）获得当前所有正在运行的进程ID及其对应的进程名。
（2）查看含有关键字"python"的所有进程。

【环境准备】

基本的Python环境中未包含psutil库，需要另外安装。安装方法分为离线安装和在线安装。

1. 离线安装步骤

（1）下载离线安装包。在官方网站 http://pypi.org/project/psutil/下载离线安装包 psutil-5.4.2-cp34-cp34m-win_amd64.whl，并存放在本地计算机中。

（2）配置环境变量（Windows 7 操作系统）。在命令提示符（cmd）中安装离线安装包之前，需要先配置环境变量，将 Python 的安装路径告知操作系统。配置环境变量步骤如下。

① 右击桌面计算机图标，选择"属性"，打开"系统属性"对话框，如图 1-7 所示，在弹出的对话框中选择"高级"选项卡。

② 单击"环境变量"按钮，弹出"环境变量"对话框，如图 1-8 所示，在系统变量列表中找到"Path"并双击，弹出"编辑系统变量"对话框，如图 1-9 所示。

图 1-7 "系统属性"对话框

图 1-8 "环境变量"对话框

③ 在"变量值"末尾追加上 Python 安装路径（如路径为 \Users\Administrator\AppData\Local\Programs\Python\Python36-32）和 Scripts 目录所在路径（如路径为\Users\Administrator\AppData\Local\Programs\Python\Python36-32\Scripts），路径之间用英文分号分隔，即添加的变量值为"C:\Users\Administrator\AppData\Local\Programs\Python\Python36-32；C:\Users\Administrator\AppData\Local\Programs\Python\Python36-32\Scripts"。

图 1-9 "编辑系统变量"对话框

（3）启动命令提示符模式。配置好环境变量后，单击"开始"菜单，输入 cmd，启动命令提示符模式。

（4）安装离线安装包。在命令提示符中，直接使用 pip 命令安装 psutil 离线安装包。方法：输入 pip install D:\psutil-5.4.2-cp36-cp36m-win32.whl。显示安装成功界面如图 1-10 所示。

图 1-10　显示安装成功界面

2. 在线安装步骤

（1）配置环境变量。见离线安装步骤（2）。

（2）在线安装第三方库。在命令提示符中，直接使用 pip 命令在线安装 psutil 安装包。方法：输入 pip install psutil。

☑小贴士

在线安装命令格式：pip install 第三方库名。

【实验指导】

1. 获得当前所有正在运行的进程 ID 及其对应的进程名

利用 psutil 模块提供的这些方法，可以自己开发一个类似 Windows 任务管理器的简单程序，查看所关注进程的信息。下面的程序片段可以获得当前所有正在运行的进程 ID 及其对应的进程名。

```
#查看进程.py
import psutil                                #导入第三方库
for p in psutil.process_iter():             #查看所有进程
    try:                                    #查看未发生异常时，执行 try 下面语句
            print(p.pid,'\t',p.name(),'\t',p.username())
                                            #查看进程号、进程名、用户名信息
    except:                                 #查看发生异常时，执行 except 下面语句
            pass                            #跳过该进程
```

☑小贴士

查看进程时，有些进程不允许访问，当程序试图访问这些信息时就会报错，并停止运行。为避免这种情况发生，可使用 try-except 结构，具体如下。

```
try:
 语句块 1
except:
 语句块 2                                    #异常时的处理语句
```

其功能为当执行 try 中的语句块 1 时，若未发生异常，则按正常顺序执行，一旦发生异常，则程序跳转到 except 中执行语句块 2。

2. 查找含有关键字"python"的所有进程

下面的程序片段可以根据所给的程序的关键字，返回所有名字中包含该关键字的进程。此后，可利用上面列出的各种方法得到每个进程的信息。

```
#查找含关键字进程.py
def get_proc_by_name(pname):                      #定义查看含有关键字的进程的函数
  procs=[]                                        #定义一个空列表,用于存放进程信息
  for proc in psutil.process_iter():             #遍历所有正在运行的进程
    try:
        if pname.lower() in proc.name().lower():     #判断进程是否含有关键字
          procs.append(proc)                     #如果含有关键字,则加入 procs 列表中
    except:                                       #异常处理
        pass
  return procs
procs=get_proc_by_name('python')                  #调用函数,查找含关键字进程
for p in procs:                                   #遍历 procs 列表
  with p.oneshot():                               #一次获得进程多种信息
      print(p.name())                            #输出进程名称
      print(p.cpu_times())                       #输出进程累计使用 CPU 的时间(秒)
      print(p.exe())                             #输出进程对应可执行程序的绝对路径
      print(p.status())                          #输出进程状态
print(p.cwd())                                    #输出进程当前工作的绝对路径
```

☑小贴士

第一个 Python 进程对应的是运行 Python 集成开发环境程序。Python 安装路径为 C:\Users\Administrator\AppData\Local\Programs\Python\Python36-32。

第二个 Python 进程对应的是运行"查找含关键字进程.py"程序。该程序存储及运行的位置为 D:\。

第2章 办公自动化软件

只要有坚强的持久心，一个庸俗平凡的人也会有成功的一天，否则即使是一个才识卓越的人，也只能遭遇失败的命运。一旦做出决定就不要拖延，任何事情想到就去做！立即行动！

——微软公司创始人比尔·盖茨（Bill Gates）

2.1 Microsoft Word 2016 文字处理

【写在前面的话】

信息素养是适应信息时代的基本能力，包括信息意识及对信息的获取、处理和运用等能力。对信息处理工具的熟练运用，是信息素养的重要方面。Microsoft Office 办公自动化组件为信息处理和运用提供了一个高效的工具。从本章开始，我们将深入学习办公自动化软件。

本节实验内容为 Microsoft Word 2016 文字处理。它是 Microsoft 公司开发的 Office 2016 办公组件之一，主要用于文字处理工作。Office 软件本身就是一门艺术，是发展和智慧的结晶，而 Word 作为一种工具，它可以创建、编辑、排版、打印各类用途的文档，已经成为日常工作、学习、生活中处理信息的好帮手，相信通过本节学习你一定可以成为 Word 高手！

通过本节实验，学生应学会 Word 2016 基本操作；学会文档编辑与排版操作，包括正确设置字符格式、段落格式、边框和底纹、项目符号与编号和分栏；能够实现图文混排；设置页面与打印操作；针对长文档进行综合排版；创建、编辑、修改及格式化表格等操作。

【教与学的建议】

教的建议：建议采用"案例式"或"任务驱动"教学方法，通过模拟或者重现现实生活中的一些场景引入案例或任务，以案例式或任务驱动式展开教学，指导学生自主探究，激发学生求知欲。通过答疑解惑，引导学生学会使用工具和解决问题的一般方法，帮助学生不断提高信息处理能力，具备一定的信息素养。

学的建议：建议采用"实践＋总结＋反思"的学习方法，通过完成案例和任务，掌握处理方法，不断积累经验。课上，按照实验任务、实验内容和操作步骤完成实践操作要求，达成学习目标；课后，结合理论学习和实践练习，能够自主完成课后综合练习，学以致用。

2.1.1 实验1：图文混排

【实验目标】

(1) 启动 Word 2016 及建立、打开、保存、关闭和退出文档的方法。

(2) 编辑文档，包括文档的输入、选取、复制、移动及删除。

(3) 设置文字、段落效果、分栏、首字下沉。

(4) 查找与替换。

(5) 编辑图片和艺术字。

(6) 使用文本框功能。

(7) 设置页面颜色、页面边框。

【知识梳理】

Word 2016 图文混排的常用操作汇总如表 2-1 所示。

表 2-1　Word 2016 图文混排的常用操作汇总

序号	常用操作	操作步骤
1	创建文档	单击"文件"菜单→选择"新建"→单击"空白文档"
2	保存文档	单击"文件"菜单→单击"保存"或"另存为"→选择"这台电脑"或"浏览"，指定文件存储位置→输入文件名→保存类型默认为"Word 文档（*.docx）"→单击"保存"按钮
3	复制文本	选中文本→按 Ctrl+C 组合键→将插入点定位在目标位置，按 Ctrl+V 组合键
4	移动文本	选中文本→按 Ctrl+X 组合键→将插入点定位在目标位置，按 Ctrl+V 组合键
5	删除文本	单击鼠标将插入点定位在要删除的内容前→按下 Delete 键
6	设置字体	选中文本→单击"开始"选项卡→单击"字体"组右下角箭头，打开"字体"对话框→在"字体"选项卡中可分别设置"中文字体""西文字体""字形""字号""字体颜色""下划线线型""下划线颜色""着重号""效果"等
7	设置段落	选中文本→单击"开始"选项卡→单击"段落"组右下角箭头，打开"段落"对话框→在"缩进和间距"选项卡中可分别设置"对齐方式""大纲级别""缩进（左侧、右侧）""特殊""间距（段前、段后）""行距"等
8	查找与替换	单击"开始"选项卡→单击"编辑"组的"查找"或"替换"，弹出"查找和替换"对话框→选择"查找"或"替换"选项卡→输入待查找文本或待替换文本→选择"查找下一处"或选择"替换"/"全部替换"
9	分栏	选中文本→单击"页面布局"选项卡→单击"页面设置"组的"栏"，在下拉菜单中选择"更多栏"，弹出"栏"对话框→可分别设置"预设""栏数""宽度和间距""栏宽相等""分割线""应用于"等
10	首字下沉	选中文本→单击"插入"选项卡→单击"文本"组"首字下沉"，在下拉列表中选择"首字下沉选项"，弹出"首字下沉"对话框→可分别设置"位置""字体""下沉行数""距正文"

续表

序号	常用操作	操作步骤
11	项目符号/编号	选中文本→单击"开始"选项卡→选择"段落"组"项目符号""编号"右侧向下箭头,打开下拉列表→选择"项目符号库"/"编号库"中所需样式
12	插入图片	光标定位于待插入图片处→选择"插入"选项卡→单击"插图"组的"图片"→选择"此设备"/"联机图片"→指定图片存储路径→单击"插入"按钮
13	环绕文字	选中已插入的图片→单击"格式"选项卡→单击"排列"组中的"环绕文字"→选择适合的环绕文字方式
14	插入艺术字	将光标定位于待插入艺术字处→选择"插入"选项卡→单击"艺术字",打开"艺术字"下拉列表→选择艺术字样式→输入艺术字内容
15	插入文本框	单击"插入"选项卡→单击"文本"组的"文本框",打开"文本框"下拉列表→选择"绘制横排文本框"/"绘制竖排文本框"→拖动鼠标绘制文本框→输入文本框内容
16	插入形状	单击"插入"选项卡→单击"插图"组的"形状",打开"形状"下拉列表→选择形状→拖动鼠标绘制形状→选择"形状"后右击,在快捷菜单中选择"添加文字"/"编辑文字"→输入待编辑文字
17	页面颜色	选择"设计"选项卡→单击"页面背景"组的"页面颜色",打开其下拉列表→选择适合的颜色或填充效果
18	页面边框	选择"设计"选项卡→单击"页面背景"组的"页面边框",弹出"边框和底纹"对话框→在"页面边框"选项卡中选择"艺术型"下拉列表中适当的样式
19	导出为 PDF	选择"PDF 工具集"选项卡→单击"导出为 PDF"

【实验内容】

任务描述：以科技创新为主题,设计并制作一张宣传海报,效果图如图 2-1 所示。

具体要求如下。

(1) 创建空白文档并设置文件名为"海报.docx"。

(2) 删除第一段、第二段空行。

(3) 选择第一段("科技自立……强盛之基"),将文字设置为小三号、加粗、红色、黑体、波浪线,字符间距加宽 1 磅。

(4) 选择第一段("科技自立……强盛之基"),段落居中显示,行距 30 磅,首行缩进 2 字符,段前、段后间距均为 1 行,文字添加 1 磅红色方框、黄色底纹。

(5) 查找关键字"科技",将第二段("科技是……变为现实。")中的"科技"替换为添加着重号的"科技"。

(6) 设置第二段文字("科技是……变为现实。")分两栏显示,栏宽相等,显示分隔线。

(7) 设置最后一段("我们要以……自立自强!")首字下沉,字体为隶书,下沉 3 行。

(8) 为第二段到第五段("基础研究……走在前列。")设置项目符号。

(9) 第二段插入与主题相关图片,高度 2cm,宽度 3cm,版式为"四周型",图片样式为"柔化边缘矩形"。

图 2-1　宣传海报效果图①

（10）插入艺术字标题"科技创新永无止境"，样式为第 1 行第 3 列"填充：红色，主题色 2；边框：红色，主题色 2"，并"拱形"显示。

（11）添加文本框"科技兴则民族兴，科技强则国家强。"，框内填充浅蓝色，边框红色 1.5 磅实线，文本框旋转 15°。

———————————

① 由于本书为双色印刷，此处显示效果与实际效果有差异，详细图片参考官方网站配套资源包。

(12) 插入"星型：八角"形状，显示"创新"字样。

(13) 设置页面颜色为"橙色，个性色 6，淡色 60％"，页面边框为艺术型"心型"。

【实验指导】

(1) 创建空白文档并设置文件名为"海报.docx"。

① 单击"开始"菜单→选择 Word，启动 Microsoft Word 2016。

② 启动后在"开始"中选择创建"空白文档"。

③ 选中文字(包括空行)后，右击打开快捷菜单，选择"复制"→将光标置于空白文档中，右击打开快捷菜单，选择"粘贴"选项→单击"只保留文本"。

小贴士

区分复制和移动操作。复制是在新位置保存一个与源文件相同的副本，可选中文本按 Ctrl＋C 组合键→将插入点定位在目标位置，按 Ctrl＋V 组合键。移动是把源文件换位置保存到其他新位置上，可选中文本按 Ctrl＋X 组合键→将插入点定位在目标位置，按 Ctrl＋V 组合键。

④ 单击"文件"菜单→单击"保存"或"另存为"→选择"这台电脑"或"浏览"→保存位置选择"本地磁盘(D:)"→在"文件名"中输入"海报"→保存类型默认为"Word 文档(＊.docx)"→单击"保存"按钮。

小贴士

为了避免发生意外造成文件内容丢失，应养成经常单击"保存"按钮或者按 Ctrl＋S 组合键的好习惯。

(2) 删除第一段、第二段空行。

① 单击鼠标将插入点定位在删除内容前，按下 Delete 键。

② 重复此操作。

小贴士

"↵"为段落标记，用于区分不同段落。

(3) 选择第一段("科技自立……强盛之基")，将文字设置为小三号、加粗、红色、黑体、波浪线，字符间距加宽 1 磅。

① 选择第一段("科技自立……强盛之基")→单击"开始"选项卡→单击"字体"右下角箭头，打开"字体"对话框→选择"字体"选项卡→分别设置"字号"为小三号、"字形"为加粗、"字体颜色"为标准色红色、"中文字体"为黑体、"西文字体"为(使用中文字体)、"下划线线型"为波浪线。

小贴士

当字体要求设置为宋体时，应选择"所有字体"中的"宋体"，也可根据实际需要选择"宋体(标题)"或"宋体(正文)"。

如需中、西文(包括数字、字母等)使用相同字体，西文字体应设置为"(使用中文字体)"，也可根据实际需要分别设置中、西文字体。

② 打开"字体"对话框→选择"高级"选项卡→"间距"设置"加宽"→磅值设置为 1 磅。

📝小贴士

快速复制格式可使用格式刷。选中待复制格式的文本→单击"开始"选项卡中"剪贴板"组的"格式刷",此时光标指针变成刷子形状→按住鼠标左键拉取待粘贴格式的文本。

如要把格式复制到不连续的位置,可双击"格式刷"按钮,重复上述步骤直至全部完成,完成后再单击"格式刷"按钮或者按 Esc 键,光标指针恢复原样。

(4) 选择第一段("科技自立……强盛之基"),段落居中显示,行距 30 磅,首行缩进 2 字符,段前、段后间距均为 1 行,文字添加 1 磅红色方框、黄色底纹。

① 选择第一段("科技自立……强盛之基")→单击"开始"选项卡→单击"段落"组的"居中"。

② 在"开始"选项卡中单击"段落"右下角箭头,打开"段落"对话框→选择"缩进和间距"选项卡→"行距"选择"固定值",并将"设置值"调整至 30 磅;"特殊"选择"首行",其"磅值"设置为 2 字符;"间距"中的"段前""段后"均调整为 1 行。

📝小贴士

当需要将"行距"设置为 1.3 倍行距时,"行距"选择"多倍行距",手动输入"设置值"。

当显示单位与默认单位不符时,可手动输入"磅""厘米"等单位实现自动转换。

③ 在"开始"选项卡中单击"段落"组的"下框线"下拉按钮→在列表中选择"边框和底纹",弹出"边框和底纹"对话框→选择"边框"选项卡→"设置"为方框、"颜色"为标准色红色、"宽度"为 1.0 磅、"应用于"为文字,如图 2-2 所示。

图 2-2 "边框和底纹"对话框

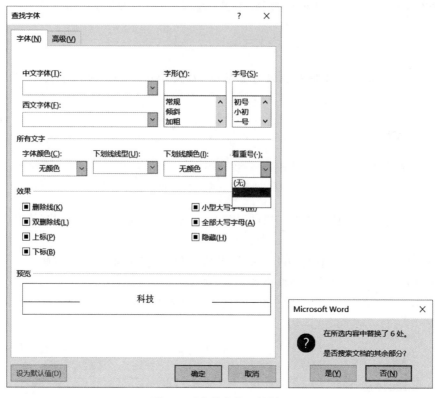

④ 在“边框和底纹”对话框中选择“底纹”选项卡→“填充”为标准色黄色、“应用于”文字。

小贴士

在设置段落、文字的边框和底纹时要区分“应用于段落”与“应用于文字”的不同，如图 2-3 所示。

图 2-3 “边框”“应用于文字”与“应用于段落”对比

(5) 查找关键字“科技”，将第二段(“科技是……变为现实。”)中的“科技”替换为添加着重号的“科技”。

① 在“开始”选项卡中单击“编辑”组的“替换”，弹出“查找和替换”对话框。

② 查找内容输入“科技”→替换内容输入“科技”。

③ 光标置于替换框中，单击“更多”→“格式”→“字体”，如图 2-4 所示。

图 2-4 “查找和替换”对话框

④ 在“查找字体”对话框中选择“着重号”→打开下拉列表，选择“.”→单击“确定”按钮，如图 2-5 所示。

图 2-5 "查找字体"对话框

⑤ 选择"全部替换"后,弹出 Microsoft Word 对话框,在"是否搜索文档的其余部分?"下单击"否"按钮。

🖋小贴士

"删除所有空格"时,查找内容栏可输入空格,替换内容栏设置为空。

"将所有字母字体设置为红色"时,可将光标置于查找内容栏→选择"更多"→选择"特殊格式",在弹出列表中选择"任意字母"→再将光标置于"替换为"栏→选择"格式"→在弹出列表中选择"字体"→将"字体颜色"设置为标准色红色→选择"全部替换"。

(6) 设置第二段文字("科技是……变为现实。")分两栏显示,栏宽相等,显示分隔线。

① 选择第二段文字("科技是……变为现实。")→单击"布局"选项卡→单击"页面设置"组的"栏"下拉按钮→选择"更多栏",弹出"栏"对话框。

② 在"栏"对话框中"预设"框中选择"两栏"→勾选"栏宽相等"和"分隔线"复选框→单击"确定"按钮,如图 2-6 所示。

🖋小贴士

如"栏"操作后文本只显示在左栏,右栏无文本显示,说明"栏"操作有误,如图 2-7 所示,可尝试分栏时不选择文本末尾的段落标记或在文本末尾添加额外的段落标记。

(7) 设置最后一段("我们要以……自立自强!")首字下沉,字体为隶书,下沉 3 行。

选中最后一段("我们要以……自立自强!")→选择"插入"选项卡→单击"文本"组的

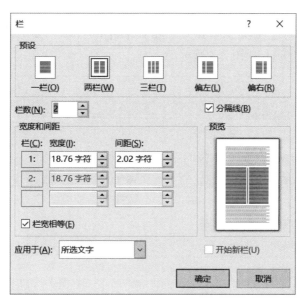

图 2-6　"栏"对话框

科技是国家强盛之基，创新是民族进步之魂。我国科技实力正在从量的积累迈向质的飞跃、从点的突破迈向系统能力提升，科技创新取得新的历史性成就。科技兴则民族兴，科技强则国家强。科技创新就像撬动地球的杠杆，总能创造令人意想不到的奇迹，"可上九天揽月，可下五洋捉鳖"正在由愿景变为现实。↵

✕

　　科技是国家强盛之基，创新是民族进步之魂。我国科技实力正在从量的积累迈向质的飞跃、从点的突破迈向系统能力提升，科技创新取得新的历史性成就。科技兴则民族｜兴，科技强则国家强。科技创新就像撬动地球的杠杆，总能创造令人意想不到的奇迹，"可上九天揽月，可下五洋捉鳖"正在由愿景变为现实。↵

✓

图 2-7　"栏"效果设置错误与正确对比

"首字下沉"下拉按钮，选择"首字下沉选项"，弹出"首字下沉"对话框→"位置"设置为下沉、"字体"设置为隶书、"下沉行数"设置为 3 行。

（8）为第二段到第五段（"基础研究……走在前列。"）设置项目符号。

选择第二段到第五段（"基础研究……走在前列。"）→单击"开始"选项卡→选择"段落"组"项目符号"右侧向下箭头，打开下拉列表→选择"项目符号库"中的圆形标识。

🖊小贴士

"编号"与"项目符号"设置方法相似。

（9）第二段插入与主题相关图片，高度 2cm，宽度 3cm，版式为"四周型"，图片样式为"柔化边缘矩形"。

① 将光标定位于待插入图片处→选择"插入"选项卡→单击"插图"组中的"图片"→"插入图片来自"选择"图片"，弹出"插入图片"对话框。

② 根据图片存放位置，选择相应图片→单击"插入"按钮。

③ 选中插入的图片→右击打开快捷菜单→单击"大小和位置",弹出"布局"对话框→在"大小"选项卡中取消勾选"锁定纵横比"和"相对原始图片大小"复选框→设置高度与宽度绝对值分别为 2cm 和 3cm,如图 2-8 所示。

图 2-8 "布局"对话框

④ 单击"布局"对话框中的"文字环绕"选项卡→选择为"四周型"→单击"确定"按钮。

⑤ 选中插入的图片→单击"图片格式"选项卡→选择"图片样式"组中的"柔化边缘矩形",如图 2-9 所示。

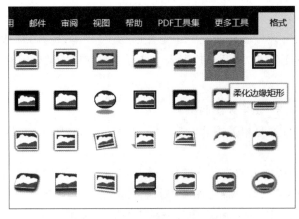

图 2-9 "柔化边缘矩形"及效果

（10）插入艺术字标题"科技创新永无止境"，样式为第1行第3列"填充：红色，主题色2；边框：红色，主题色2"，并"拱形"显示。

① 单击"插入"选项卡→单击"艺术字"，展开"艺术字"所有样式→单击第1行第3列艺术字样式"填充：红色，主题色2；边框：红色，主题色2"，如图2-10所示→在出现的艺术字框内输入"科技创新永无止境"。

② 选中艺术字→单击"格式"选项卡→在"艺术字样式"组中单击"文本效果"下拉按钮→选择"转换"→选择"跟随路径"中的"拱形"，效果如图2-11所示。

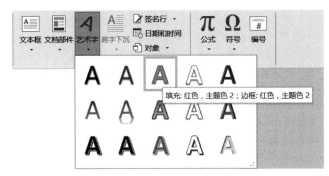

图 2-10 "艺术字"样式

科技创新永无止境

图 2-11 艺术字效果

③ 手动调整艺术字的大小和位置。

（11）添加文本框"科技兴则民族兴，科技强则国家强。"，框内填充浅蓝色，边框红色1.5磅实线，文本框旋转15°。

① 单击"插入"选项卡→单击"文本"组中的"文本框"→选择"绘制横排文本框"，鼠标指针变成十字形，向斜对角拖动鼠标绘制文本框，大小适合后释放鼠标，即可创建一个空白文本框。

② 在文本框中输入"科技兴则民族兴，科技强则国家强。"→选中文本，在"开始"选项卡中设置文字为黑体、小三、居中。

③ 单击文本框外框→选择"格式"选项卡→单击"形状样式"组中的"形状填充"→"填充"为标准色浅蓝→单击"形状样式"组中的"形状轮廓"，设置为标准色红色→调整"粗细"为1.5磅。

④ 单击文本框框体→单击"格式"选项卡→单击"排列"组中的"旋转"→选择"其他旋转选项"→"旋转"设置15°，效果如图2-12所示。

图 2-12 "文本框"效果

（12）插入"星型：八角"形状，显示"创新"字样。

① 单击"插入"选项卡→单击"插图"组中的"形状"→选择"星与旗帜"中的"星型：八角"→在空白处拖动鼠标绘制八角形。

② 选中八角星→单击"格式"选项卡→单击"形状样式"组中的"形状填充"下拉按钮，颜色设置为标准色红色→选择"形状轮廓"，颜色设置为标准色黄色。

③ 选中八角星→右击弹出快捷菜单，选择"编辑文字"→输入"创新"→文字设置为黄色，效果如图2-13所示。

图 2-13　"形状"效果

（13）设置页面颜色为"橙色，个性色 6，淡色 60％"，页面边框为艺术型"心型"。

　　① 选择"设计"菜单→单击"页面背景"组中的"页面颜色"下拉按钮→选择主题颜色"橙色，个性色 6，淡色 60％"。

　　② 选择"设计"菜单→单击"页面背景"组中的"页面边框"→打开"边框和底纹"对话框→单击"艺术型"下拉按钮→选择"心型"。

【实战练习】

（1）新建文档，并保存文件名为"练习 1.docx"，输入如下文字。

国书与谎话

美国首任总统乔治·华盛顿家里有许多国书，国书中还夹杂一些杂树，为让国书生长茂盛，应该将杂树除掉。

一天，华盛顿给儿子一把斧头要他去砍伐杂树，他叮嘱儿子不能误砍一棵国书。然而一不小心，儿子误砍了一棵国书。前来检查的华盛顿得知后，来到正在继续砍杂树的儿子身边，故意问儿子："没砍掉国书吧，孩子？"听了父亲的问话，儿子认真诚恳地对父亲说："怪我粗心，砍掉了一棵国书！"

儿子的诚实，令华盛顿感到莫大的欣慰。他用鼓励的口吻对儿子说："好！你砍掉苹国书该批评，但你不说谎，我就原谅你了。因为，我宁可损失所有的国书，也不愿听到你说一句谎话。"

（2）将上文中所有错词"国书"替换为"果树"。

（3）将案例标题段（"果树与谎话"）文字设置为小二号蓝色（红色 0、绿色 0、蓝色 255）、字符间距为"紧缩"1 磅、加粗、倾斜、居中、添加双波浪下划线，并添加浅绿色底纹。

（4）将第二段文字（"美国首任总统……除掉。"）段落首行缩进 2 字符、行距设置为 16 磅、段前间距 0.5 行、左右缩进 1cm。

（5）将第三段文字（"一天……砍掉了一棵国树！"）分 2 栏排版，栏宽相等，加分隔线，设置第三段落首字下沉 3 行。

（6）对最后一段文字设置项目符号。

（7）将标题改为艺术字"艺术字样式 11"、二号。

（8）在第三段（"一天……砍掉了一棵国树！"）插入任一图片，要求图片大小适中，版式为紧密型。

（9）在文档中插入一个形状（如笑脸），填充标准色黄色，对齐方式为左对齐。

2.1.2　实验 2：论文排版

【实验目标】

（1）公式、页眉、页脚、尾注、脚注、页码等的插入方法。

（2）页面设置，如页边距、纸张方向、纸张大小等。

（3）设置自动保存。

（4）自动生成目录。

（5）使用字数统计。

（6）打印文档。

【知识梳理】

Word 2016 中排版的常用操作汇总如表 2-2 所示。

表 2-2　Word 2016 中排版的常用操作汇总

序号	常用操作	操作步骤
1	应用样式	选中文本→单击"开始"选项卡→选择"样式"组中的样式
2	插入公式	将光标定位于待插入公式处→单击"插入"选项卡→单击"符号"组中的"公式"下拉按钮→选择"插入新公式"，打开"设计"选项卡→编辑公式
3	插入页眉/页脚	单击"插入"选项卡→单击"页眉和页脚"组中的"页眉"或"页脚"下拉按钮→选择"编辑页眉"或"编辑页脚"→设置页眉或页脚
4	插入尾注/脚注	选中文本→单击"引用"选项卡→选择"插入脚注"或"插入尾注"→提示框中输入相应文字
5	插入分隔符	单击"布局"选项卡→单击"页面设置"组中的"分隔符"下拉按钮→选择需要插入的"分页符"或"分节符"
6	插入页码	单击"插入"选项卡→单击"页眉和页脚"组中的"页码"下拉按钮→选择插入位置→单击"设置页码格式"
7	页面设置	单击"布局"选项卡→单击"页面设置"组的右下角箭头，弹出"页面设置"对话框，对"页边距""纸张""布局""文档网络"进行设置
8	自动生成目录	单击"视图"选项卡→单击"视图"组的"大纲"，设置目录级别→将光标定位于待插入目录的位置→回到"页面视图"，单击"引用"选项卡→单击"目录"组中的"目录"→选择"自动目录 1"
9	保存设置	单击"文件"菜单→选择"选项"，弹出"Word 选项"对话框→选择"保存"选项卡并进行相应设置→单击"确定"按钮
10	插入特殊符号	单击"插入"选项卡→单击"符号"组中的"符号"下拉按钮→选择"其他符号"，弹出"符号"对话框→单击"特殊字符"选项卡→选择相应字符→单击"插入"按钮
11	字数统计	选中文本→单击"审阅"选项卡→单击"校对"组中的"字数统计"，在弹出的"字数统计"对话框中查看
12	打印	单击"文件"菜单→选择"打印"→在子菜单中选择打印方式，右侧为打印预览区→单击"打印"按钮

【实验内容】

任务描述：将结业论文按如下要求进行排版。

（1）为"摘要"和"关键字"设置"要点"样式。

（2）利用公式编辑器输入"E^b"。

（3）为文档插入页眉"某某结业论文"且右对齐,页脚为"当前日期"且左对齐。

（4）为"邱瑜"添加脚注"当代教育学家"。

（5）在正文部分页面右下角插入页码,从1开始,样式为" -1-",且题目页和摘要页不使用页码。

（6）页边距均为2cm,纸张设置为A4。

（7）在摘要的下一页自动生成论文目录。

（8）保存设置:可设置自动保存时间、保存位置等。

（9）输入"版权所有""注册""商标"等字符。

（10）论文字数统计。

（11）论文预览及打印。

【实验指导】

（1）为"摘要"和"关键字"设置"要点"样式。

选择"摘要"和"关键字"→单击"开始"选项卡→单击"样式"组中的"样式",在"样式"列表中选择"要点"样式。

小贴士

"应用样式"可快捷设置文本格式。

创建样式:将已调整好的格式保存为新样式,并为新样式重新命名,该样式即可重复使用。

（2）利用公式编辑器输入"E^b"。

① 单击"插入"选项卡→单击"符号"组中的"公式"下拉按钮→选择"插入新公式",打开"公式工具"中的"设计"选项卡→出现"在此处输入公式"框。

② 单击"设计"选项卡中"结构"组中的"上下标"→在"下标和上标"列表中选择"上标"选项→在公式选项栏的大框里输入"E",在小框里输入"b"。

（3）为文档插入页眉"某某结业论文"且右对齐,页脚为"当前日期"且左对齐。

① 单击"插入"选项卡→单击"页眉和页脚"组中的"页眉"→选择"编辑页眉",在"页眉"区域输入文本"某某结业论文",单击"开始"选项卡→单击"段落"组中的"文本右对齐"。

② 选择"页眉和页脚工具"的"设计"选项卡→单击"导航"组中的"页脚"或"转至页脚"→单击"插入"组中的"日期和时间",弹出"日期和时间"对话框,在"可用格式"中选择一种日期格式,如"××××年××月××日星期×",单击"确定"按钮→选择"开始"选项卡→单击"段落"组中的"文本左对齐"。

③ 单击"设计"选项卡→单击"关闭"组中的"关闭页眉和页脚"。

（4）为"邱瑜"添加脚注"当代教育学家"。

① 选中需要引用脚注的对象"邱瑜"→单击"引用"选项卡→单击"脚注"组中的"插入脚注"。

② 在出现的脚注1后输入文字"当代教育学家"即可。

小贴士

脚注:本页面底端生成的注释,按位置自动生成脚注编号。

尾注：文档末尾生成的注释，与脚注设置方法类似。

（5）在正文部分页面右下角插入页码，从 1 开始，样式为"-1-"，且标题页和摘要页不使用页码。

① 在作者和英文关键词下方分别插入分页符，使标题、摘要和正文三部分独立，便于插入不同页码。单击"布局"选项卡→单击"页面设置"组中的"分隔符"下拉按钮→选择"分节符"中的"下一页"。

② 将光标定位于正文第一页，选择"插入"选项卡→单击"页眉和页脚"组中的"页码"下拉按钮→选择"页面底端"中的"普通数字 3"。

③ 在"设计"选项卡中，单击"导航"组中的"链接到前一节"，取消链接操作→单击"页眉页脚"组中的"页码"下拉按钮→选择"设置页码格式"，弹出"页码格式"对话框→选择"页码编号"中的"起始页码"，将值调整为 1→"编号格式"选择"-1-"→单击"确定"按钮→选择"设计"选项卡中"关闭"组中的"关闭页眉和页脚"。

小贴士

关闭"链接到前一条页眉"，则该节与之前节可实现页码分别设置。

（6）页边距均为 2cm，纸张设置为 A4。

① 单击"布局"选项卡→单击"页面设置"组右下角箭头，弹出"页面设置"对话框→在"页边距"选项卡中设置页边距（上、下、左、右）均为 2cm。

② 在"页面设置"对话框的"纸张"选项卡中选择纸张为 A4→单击"确定"按钮。

（7）在摘要的下一页自动生成论文目录。

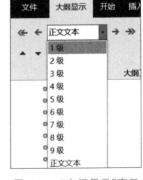

① 单击"视图"选项卡→单击"视图"组的"大纲"，设置目录级别，一级标题通常设置为 1 级，二级标题通常设置为 2 级，以此类推，将鼠标定位在要设置级别的段落，在级别下拉列表中选择相应级别即可，如图 2-14 所示→选择"大纲显示"选项卡中"关闭组"的"关闭大纲视图"。

② 将光标定位于待插入目录的位置→单击"引用"选项卡→单击"目录"组中的"目录"列表→选择"自动目录 1"，即可自动生成目录。

图 2-14 "大纲显示"窗口

（8）保存设置：可设置自动保存时间、保存位置等。

单击"文件"菜单→选择"选项"，弹出"Word 选项"对话框→选择"保存"选项→设置"保存自动恢复信息时间间隔"和"自动恢复文件位置"→单击"确定"按钮。

（9）输入"版权所有""注册""商标"等字符。

单击"插入"选项卡→单击"符号"组中的"符号"下拉按钮→选择"其他符号"，弹出"符号"对话框→选择"特殊字符"选项卡→选择"版权所有""注册""商标"→选择"插入"。

（10）论文字数统计。

选中需统计字数的文本→选择"审阅"选项卡→单击"校对"组中的"字数统计"，在弹出的"字数统计"对话框中查看。

（11）论文预览及打印。

单击"文件"菜单→选择"打印"，在子菜单中选择打印方式，右侧为打印预览区→单击"打印"按钮即可打印论文。

📝小贴士

建议打印前查看打印预览效果。

【实战练习】

将 2.1.1 小节实战练习中的案例进行如下设置。

（1）设置页面左右边距各为"3.1cm"，设置页面"纸型"为"16 开(18.4cm×26cm)"；设置每行字符数为"35"，每页行数为"45"。

（2）在页面底端以"普通数字 3"格式插入页码、首页不显示页码，设置页眉为"果树与谎话"并居中。

（3）创建公式 $x = \dfrac{-b \pm \sqrt{b^2 - 4ac}}{2a}$，并填充颜色为"橙色"。

（4）设置页面边框为艺术型中的"苹果"。

（5）为果树插入尾注"果树包括梨树、苹果树等。"，小五号字体。

（6）自动生成目录并打印。

2.1.3 实验 3：表格制作

【实验目标】

（1）绘制表格。

（2）编辑、调整、美化表格。

（3）使用表格公式进行计算。

（4）实现文本与表格间的转换。

【知识梳理】

Word 2016 中表格的常用操作汇总如表 2-3 所示。

表 2-3 Word 2016 中表格的常用操作汇总

序号	常用操作	操作步骤
1	创建表格	单击"插入"选项卡→单击"表格"组中的"表格"下拉按钮→选择"插入表格"，弹出"插入表格"对话框→分别设置表格的行数、列数及列宽
2	插入行/列	将光标置于待插入位置→选择"表格工具"中的"布局"选项卡→选择"行和列"组中的相应行/列插入表格
3	删除单元格/行/列/表格	将光标置于待删除位置→选择"表格工具"中的"布局"选项卡→单击"行和列"组中的"删除"下拉按钮→选择"删除单元格""删除行""删除列"或"删除表格"→单击"确定"按钮

续表

序号	常用操作	操作步骤
4	设置行高/列宽	选择目标行/列→选择"表格工具"中的"布局"选项卡→单击"表"组中的"属性",弹出"表格属性"对话框→选择"行"选项卡或"列"选项卡→勾选"指定高度"/"指定宽度"复选框→设置高度、宽度值→单击"确定"按钮(注:如设置行高,"行高值是"需设置"固定值")
5	表格居中显示	单击表格左上角 ⊞ 选中表格→单击"开始"选项卡→单击"段落"组中的"居中"
6	合并单元格	选中待合并单元格→选择"表格工具"中的"布局"选项卡→单击"合并"组中的"合并单元格"
7	表格文字对齐方式	选中文字→选择"表格工具"中的"布局"选项卡→选择"对齐方式"组中相应的对齐方式(共9种)
8	设置表格内、外边框线	选中目标行/列→选择"表格工具"中的"设计"选项卡→选择"边框"组中的"边框",在下拉列表中选择"边框与底纹",弹出"边框和底纹"对话框→单击"边框"选项卡→设置为"自定义"→选择样式→选择颜色→设置宽度→在"预览"中单击相应框线位置绘制内、外边框线→选择应用于"表格"或"单元格"→单击"确定"按钮
9	添加表格底纹	选中表格或目标行/列→选择"表格工具"中的"设计"选项卡→选择"边框"组中的"边框",在下拉列表中选择"边框与底纹",弹出"边框和底纹"对话框→选择"底纹"选项卡→设置颜色→选择应用于"表格"或"单元格"→单击"确定"按钮
10	文本转换成表格	选中文本→单击"插入"选项卡→单击"表格"组中的"表格"按钮→选择"文本转换成表格",弹出"文本转换成表格对话框"→设置"表格尺寸""自动调整"操作、"文字分隔位置"→单击"确定"按钮
11	表格公式计算	将光标置于需显示结果的单元格→选择"表格工具"中的"布局"选项卡→单击"数据"组中的"fx公式",弹出"公式"对话框→编辑公式→设置编号格式→单击"确定"按钮
12	数据排序	选择待排序区域→选择"表格工具"中的"布局"选项卡→单击"数据"组的"排序",弹出"排序"对话框→设置主要关键字、次要关键字、类型、升序或降序、列表有标题行或无标题行等
13	设置表格样式	选中表格→选择"表格工具"中的"设计"选项卡→单击"表格样式"组中的下拉列表→选择样式

【实验内容】

　　任务描述:使用 Word 2016 设计并制作班级成绩统计表。具体要求如下。

　　(1) 创建表格,表名为"班级成绩表",并按要求输入数据。

　　(2) 在表格末尾插入两行,在表格右侧插入一列。

　　(3) 删除表格最后一行。

　　(4) 设置各行行高为 1cm,第一列列宽为 1.5cm,其余列宽均为 2cm。

　　(5) 表格居中显示。

(6) 合并单元格。

(7) 设置表格文字对齐方式为水平和垂直居中。

(8) 设置表格外框线为蓝色双实线 1.5 磅,内框线为红色单实线 1.0 磅,并添加黄色底纹。

(9) 将输入文本转换成表格。

(10) 使用表格公式计算每名学生成绩总分(保留 2 位小数)和各门课程平均分(保留 1 位小数)。

(11) 将所有学生按总分降序排序。

(12) 设置表格样式为"三线表格"。

(13) 为表格添加斜线表头。

【实验指导】

(1) 创建表格,表名为"班级成绩表",并按要求输入数据。

① 输入表名"班级成绩表"。

② 单击"插入"选项卡→单击"表格"组中的"表格"→选择"插入表格",在"插入表格"对话框中设置表格的行数为 8、列数为 5→设置"自动调整"操作为"固定列宽"。

③ 在已建好的表格中输入如图 2-15 所示的数据。

班级成绩表

序号	姓名	高数	英语	程序
1	小王	83	85	90
2	小华	67	76	85
3	小明	90	88	69
4	小赵	92	90	83
5	小凡	85	65	70
6	小李	76	66	71
7	小张	61	75	61

图 2-15 "插入表格"效果

✍小贴士

选定一行或多行:将鼠标指针指向某行的最左侧,当指针变成 ⏶ 时单击或拖动,即可选定一行或多行。

选择一列或多列:将鼠标指针指向某列的顶端,当指针变成 ⬇ 时单击或拖动,即可选定一列或多列。

选定整个表格:将鼠标指针置于表格中,当表格左上角出现 ⊞ 图标时,单击该图标即可选定整个表格。

(2) 在表格末尾插入两行,在表格右侧插入一列。

① 将光标置于最后一行任意单元格内→选择"表格工具"中的"布局"选项卡→单击"行和列"组中的"在下方插入"→重复此操作,再插入一行。

② 将光标置于最右侧一列任意单元格内→选择"表格工具"中的"布局"选项卡→单击"行和列"组中的"在右侧插入","插入行列"效果如图 2-16 所示。

班级成绩表

序号	姓名	高数	英语	程序	
1	小王	83	85	90	
2	小华	67	76	85	
3	小明	90	88	69	
4	小赵	92	90	83	
5	小凡	85	65	70	
6	小李	76	66	71	
7	小张	61	75	61	

图 2-16 "插入行列"效果

（3）删除表格最后一行。

将光标定位于表格待删除行中→选择"表格工具"中的"布局"选项卡→单击"行和列"组中的"删除"下拉按钮→选择"删除行"→单击"确定"按钮。

（4）设置各行行高为 1cm，第一列列宽为 1.5cm，其余列宽均为 2cm。

① 选中整个表格或所有行→选择"表格工具"中的"布局"选项卡→单击"表"组中的"属性"，弹出"表格属性"对话框→选择"行"选项卡→勾选"指定高度"复选框→"指定高度"设置为 1cm→"行高值是"设置为"固定值"→单击"确定"按钮。

② 选中第一列→单击"表格工具"中的"布局"选项卡→单击"表"组中的"属性"，弹出"表格属性"对话框→选择"列"选项卡→勾选"指定宽度"复选框→"指定宽度"设置为 1.5cm→单击"确定"按钮。

③ 其余列设置方法与②相同。

（5）表格居中显示。

选中表格→单击"开始"选项卡→单击"段落"组的"居中"。

（6）合并单元格。

选中待合并单元格→选择"表格工具"中的"布局"选项卡→单击"合并"组→选择"合并单元格"，效果如图 2-17 所示。

7	小张	61	75	61	
平均分					

图 2-17 "合并单元格"效果

（7）设置表格文字对齐方式为水平和垂直居中。

选中表格→选择"表格工具"中的"布局"选项卡→选择"对齐方式"中的"水平居中"（文字在单元格内水平和垂直均居中），如图 2-18 所示。

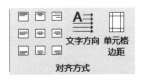

图 2-18 水平居中

（8）设置表格外框线为蓝色双实线 1.5 磅,内框线为红色单实线 1.0 磅,并添加黄色底纹。

① 选中整个表格→选择"表格工具"中的"设计"选项卡→选择"边框"组中的"边框",在下拉列表中选择"边框与底纹",弹出"边框和底纹"对话框。

② 选择"边框"选项卡→设置为"自定义"→"样式"为双线→"颜色"为标准色蓝色→"宽度"设置为 1.5 磅→在"预览"中单击上、下、左、右四条外框线进行绘制。

③ 继续选择"样式"为单实线,"颜色"为标准色红色,"宽度"为 1.0 磅→在"预览"中单击中心位置,添加内框线→选择应用于"表格"→单击"确定"按钮,如图 2-19 所示。

图 2-19　"边框和底纹"对话框

④ 选中整个表格→选择"表格工具"中的"设计"选项卡→选择"边框"组中的"边框",在下拉列表中选择"边框与底纹",弹出"边框和底纹"对话框→选择"底纹"选项卡→选择"填充",设置"颜色"为标准色黄色→选择应用于"表格",效果如图 2-20 所示。

班级成绩表

序号	姓名	高数	英语	程序	
1	小王	83	85	90	
2	小华	67	76	85	
3	小明	90	88	69	
4	小赵	92	90	83	
5	小凡	85	65	70	
6	小李	76	66	71	
7	小张	61	75	61	
平均分					

图 2-20　"边框和底纹"设置后效果

（9）将输入文本转换成表格。

① 在 Word 窗口中输入如下文本内容。

```
姓名高数英语程序
小张    78      87      67
小李    64      73      65
小王    79      89      72
```

② 选中文本→单击"插入"选项卡→单击"表格"组中的"表格"打开下拉菜单→选择"文本转换成表格"，其中表格尺寸、"自动调整"操作、文字分隔位置自动识别，也可自行设置→单击"确定"按钮，效果如图 2-21 所示。

姓名	高数	英语	程序
小张	78	87	67
小李	64	73	65
小王	79	89	72

图 2-21 "将输入文本转换成表格"效果

（10）使用表格公式计算每生学生成绩总分（保留 2 位小数）和各门课程平均分（保留 1 位小数）。

① 选择要显示结果的单元格→选择"表格工具"中的"布局"选项卡→单击"数据"组中的"fx 公式"→输入公式"＝SUM(LEFT)"→"编号格式"设置为"0.00"→单击"确定"按钮，如图 2-22 所示。

📝小贴士

LEFT 代表光标左侧单元格，ABOVE 代表光标上方单元格。

求值操作不可复制，一次操作只针对一行或一列，当需要计算多行或多列时，需反复多次执行。

② 选择要显示结果的单元格→选择"表格工具"中的"布局"选项卡→单击"数据"组中的"fx 公式"→输入公式"＝AVERAGE(ABOVE)"→"编号格式"设置为"0.0"→单击"确定"按钮，如图 2-23 所示，公式计算显示效果如图 2-24 所示。

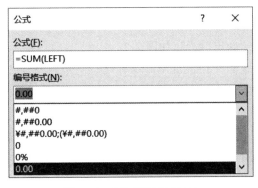

图 2-22 "公式"对话框（1）

图 2-23 "公式"对话框（2）

班级成绩表

序号	姓名	高数	英语	程序	总分
1	小王	83	85	90	258.00
2	小华	67	76	85	228.00
3	小明	90	88	69	247.00
4	小赵	92	90	83	265.00
5	小凡	85	65	70	220.00
6	小李	76	66	71	213.00
7	小张	61	75	61	197.00
平均分		79.1	77.9	75.6	

图 2-24　公式计算显示效果

✎小贴士

SUM()函数功能是求和；AVERAGE()函数功能是求平均值；MAX()函数功能是求最大值；MIN()函数功能是求最小值。

（11）将所有学生按总分降序排序。

将光标置于待排序列的任意一个单元格内→选择"表格工具"中的"布局"选项卡→单击"数据"组中的"排序"，弹出"排序"对话框→"列表"设置为"有标题行"，"主要关键字"为"总分"，"类型"为"数字"，"降序"→单击"确定"按钮。

✎小贴士

"列表"选择"有标题行"时标题行不参加排序，否则标题行参加排序。

主要关键字值相同时可再按次要关键字值排序。

（12）设置表格样式为"三线表格"，三线指表格上、下边线及标题行下边线。

① 方法 1。

a. 选中表格→选择"表设计"选项卡→选择"边框"组的下拉列表中的"边框和底纹"，打开"边框和底纹"对话框→选择"边框"选项卡→设置"自定义"→在缩略图中仅保留表格的上、下边线，取消其他边线→应用于"表格"→单击"确定"按钮，如图 2-25 所示。

b. 选中表格标题行→打开"边框和底纹"对话框→在预览中添加标题行下边线→应用于"单元格"→单击"确定"按钮，如图 2-26 所示，"三线表格"效果如图 2-27 所示。

② 方法 2。

a. 选中表格→选择"表设计"选项卡→打开"表格样式"组的下拉列表→选择"新建表格样式"，打开"根据格式化创建新样式"对话框→"属性名称"设置为"简明型 1"→"样式基准"选择"简明型 1"→单击"确定"按钮，如图 2-28 所示。

图 2-25 设置表格上、下边线

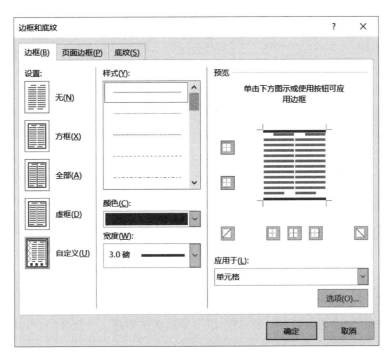

图 2-26 设置标题行下边线

班级成绩表

序号	姓名	高数	英语	程序	总分
1	小王	83	85	90	258.00
2	小华	67	76	85	228.00
3	小明	90	88	69	247.00
4	小赵	92	90	83	265.00
5	小凡	85	65	70	220.00
6	小李	76	66	71	213.00
7	小张	61	75	61	197.00
	平均分	79.1	77.9	75.6	

图 2-27 "三线表格"效果

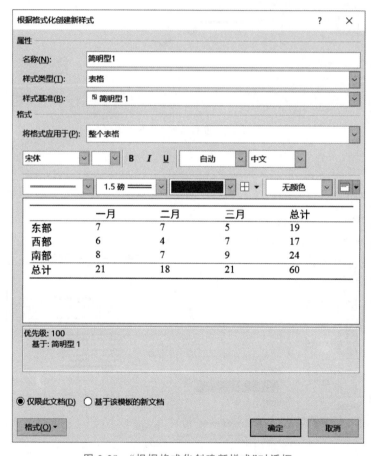

图 2-28 "根据格式化创建新样式"对话框

b. 选中表格→在"表设计"的"表格样式"中显示新添加样式→选择"简明型 1",如图 2-29 所示。

小贴士

利用已有表格样式可快速美化表格,选中表格→选择"表格工具"中的"表设计"选项卡→选择"表格样式"下拉列表中适当样式即可。

图 2-29 选择表格样式

（13）为表格添加斜线表头。

选中单元格→选择"开始"选项卡→打开"段落"组中的"下框线"下拉列表→选择"斜下框线"→通过空格或换行调整相应文字位置。

【实战练习】

（1）新建文档"借阅情况.docx"，输入如图 2-30 所示内容，并将文字转换成表格。

年份	2017	2018	2019	2020	2021
计算机类	512	556	578	601	653
文学类	600	623	652	678	701
教辅类	325	329	356	405	426

图 2-30 输入内容

（2）设置列宽均为 2cm，行高均为 20 磅，表格外框线设置为 1.5 磅红色双实线，表格内框线设置为 1 磅红色虚线。

（3）在表格最后插入一行，其第一列输入"总计"，并计算各个年份的总借阅量。

（4）表格居中显示，表格文字水平、垂直居中显示。

【综合实验】

创建主题文档，内容积极向上，具体要求如下。

（1）字数 1 000～3 000 字，至少 5 个自然段。题目采用"艺术字"，对齐方式"居中"。

（2）段落中要体现出不同的"字体""字号""字形"，要进行"行距""首字下沉""边框和底纹""分栏"等设置。

（3）为文档添加"页眉"，内容自定；插入"页码"，位置"页面底端"，对齐方式"居中"。

（4）文档中包含与主题相关的图片（至少两张），环绕方式为"四周型"。

（5）根据文档内容绘制"自选图形"（至少三种），在图形中适当添加文字，并将其"组合"成一个对象。在自选图形下方插入"文本框"，输入一段文字，对图形进行说明。

（6）在文档中使用"项目符号和编号"。

（7）"页面设置"为纸张 A4，左右边距 2cm、上下边距 2.5cm，并用"打印预览"功能查看效果。设置目录页，文档整体布局合理、设计美观。

2.2 Microsoft PowerPoint 2016 演示文稿设计

【写在前面的话】

PowerPoint 是微软 Office 办公自动化软件中的演示文稿组件,可以说它是 Office 办公自动化软件的"集大成者",文稿中可以集成文字、图像、声音、动画、音乐和视频等多种素材。同时,它以通用模板为依托,通过选择预置的设计,使用户只需要较少的编排就能设计出具有专业外观的演示文稿。熟练使用 PowerPoint 已成为满足未来岗位需求的一项基本技能,也是能够更好表达自我的利器。希望通过 PowerPoint"让你的 Point 更 Power(让你的观点更给力)"。

通过本节实验,学生应掌握 PowerPoint 2016 的基本操作和技巧,包括编辑幻灯片、使用模板、设置主题、设置动画效果、切换效果、插入各要素等。希望通过学习与实践,点燃学生思想的火花,发挥想象力,设计出"内外兼修"、引人入胜的演示文稿。

【PPT 设计基本原则】

PPT 设计不是一件高难度的事,不过对于初学者而言,设计一般完全出于直觉,对于具体的原则、色彩的选择、字体的使用等并不清楚,会导致演示文稿没有约束、毫无美感。正式开始本节学习之前,可以先了解 PPT 设计的四项基本原则,不是规则,仅供参考。

1. 亲密原则

在同一页面上将相关项组织在一起,物理上的接近就意味着各项之间存在意义上的关联。如图 2-31 所示两页 PPT,左侧 PPT 看起来有四条并列的信息,观众抓不住重点,而右侧 PPT 则把内容分成两组,可以很好地传递设计者要表达的信息。

图 2-31 亲密原则

亲密原则需要注意以下几点。

(1) 有联系的部分、相关联的部分放在一起。

(2) 划分正确的类别,并将内容加以归类。

(3) 注意 PPT 本身/演讲内容整体的逻辑性与结构性。

2．对齐原则

不要在页面上随意安放元素，每一项都应该与页面上某部分内容存在某种视觉联系。左对齐、居中对齐、右对齐等不同的对齐方式能够给人不同的视觉感受，如图 2-32 所示，但是新手为了保险起见，建议统一使用左对齐或右对齐，而居中对齐在字数不同的情况下很容易"翻车"。

图 2-32 对齐原则

对齐原则需要注意以下几点。

（1）选中目标元素后，单击选项卡中的"开始"→选择"排列"→选择所需选项进行对齐（主要针对的是矩形、图片等元素）操作。

（2）按 Alt＋F9 组合键调出参考线，调整合适的参考线位置，移动元素之后会自动向参考线靠齐。

（3）注意对齐方式是文字对齐，而不是文本框对齐，在 PPT 中拖过去后默认是文本框对齐。

3．重复原则

重复原则的主要做法是多次使用某些颜色，或多次使用某些视觉元素（如某些特殊形状），产生风格统一的效果，如图 2-33 所示。

重复原则需要注意以下几点。

（1）不要超过 3 种色彩。

（2）不要超过 3 种字体。

（3）PPT 中文字少到 3 秒可以读完。

4．对比原则

如果两项不完全相同，就使对比更强烈些，这就是对比原则，如图 2-34 所示。

对比原则需要注意以下几点。

（1）更改文字的字号与字体、标题等使用较粗字体。

（2）更改对应部分的文字颜色，增加阴影效果。

（3）增加带有颜色的形状作为底色色块，突出文字等。

以上就是 PPT 设计中的四条基本原则，但不是规则，相信关于 PPT 设计你已经不是一头雾水了，下面我们一起开始 PPT 设计的学习吧。

图 2-33　重复原则

图 2-34　对比原则

【教与学的建议】

教的建议：建议采取"作品演示＋任务驱动"方式组织实施教学。首先，呈现一个功能全面的 PowerPoint 演示文稿作品，激发学生的兴趣和好奇心；其次，提供素材、布置任务；最后，让学生体验"技术为需要而出现"，感受到"技术为作品主题而应用"的宗旨。

学的建议：建议采用同伴合作的学习方式，结合本节设定的实验任务，配合教材讲解，自主完成作品基本的设置，如版式设计、对象插入、动画设置、放映与输出等。在分享与合作的过程中体会 PPT 的给力之处。

2.2.1 实验 1：演示文稿基本操作

【实验目标】

（1）区分 PowerPoint 2016 不同视图窗口，会切换视图。
（2）编辑幻灯片中的文本和设置格式。
（3）修改幻灯片版式。
（4）设置幻灯片主题和背景。
（5）操作幻灯片母版。
（6）在幻灯片中插入表格、剪贴画、图片、艺术字、音频和视频。

【知识梳理】

演示文稿常用基本操作汇总如表 2-4 所示。

表 2-4 演示文稿常用基本操作汇总

序号	常用操作	操作步骤
1	插入新幻灯片	右击"幻灯片窗格"，弹出快捷菜单→选择"新建幻灯片"
2	设置版式	右击幻灯片空白区域，弹出快捷菜单→选择"版式"
3	设置主题	单击"设计"选项卡→单击"主题"组右侧的下拉按钮→选择"主题"
4	设置背景	右击幻灯片空白区域，弹出快捷菜单→选择"设置背景格式"
5	使用母版	单击"视图"选项卡→单击"幻灯片母版"
6	添加幻灯片编号	单击"插入"选项卡→单击"页眉和页脚"→勾选"幻灯片编号"→单击"全部应用"按钮
7	插入素材	单击"插入"选项卡→单击对应素材按钮（图片、表格、音频、视频等）
8	设置图片格式	双击图片→单击"格式"选项卡
9	自定义动画	单击"动画"选项卡→单击"动画"组右侧的下拉按钮→选择对应动画效果（进入、强调、退出、动作路径）

【实验内容】

任务描述：以"计算机发展历程"为题设计演示文稿。具体任务如下。

（1）启动 PowerPoint 2016，保存新建文档为"计算机发展历程.pptx"，练习主要视图切换操作。

（2）在第 1 张标题幻灯片中，主标题输入"计算机发展历程"，副标题输入"从硬件发展角度出发"，设置字体、字号、字形。

（3）插入第 2 张幻灯片，标题部分输入"主要内容"，幻灯片内容部分列表输入"电子管计算机、晶体管计算机、集成电路计算机、大规模集成电路计算机"，将幻灯片版式修改为"标题和竖排文字"。

（4）将幻灯片主题修改为"环保"，第 1 张幻灯片背景修改为预设渐变"浅色渐变—个性色 4"，类型为"标题的阴影"。

（5）在每张幻灯片左上角添加文字"计算机发展历程"，除第 1 张幻灯片外，在每张幻灯片右下角添加编号。

（6）在第 2 张幻灯片左侧插入一幅图片。

（7）插入第 3 张幻灯片，版式为"标题和内容"。在标题部分输入"硬件角度计算机的发展历程"，在幻灯片文本区域插入 5 列 5 行表格，并在单元格中进行数据录入。

（8）插入第 4 张幻灯片，版式为"标题和内容"。在标题部分输入"未来发展趋势"，幻灯片内容区域插入艺术字"巨型化、微型化、智能化、网络化"。插入第 5 张幻灯片，幻灯片内容为"巨型化与微型化"，将版式设为"比较"，在两张幻灯片中输入文字和图片。

📋小贴士

设计演示文稿需要注意以下几个方面。

（1）情景分析：内容、目标、听众、场合、时间。

（2）结构设计：风格、模板、素材、形式、排版。

（3）提炼美化：易懂、简洁、适度、美观、配色。

【实验指导】

（1）启动 PowerPoint 2016，保存新建文档为"计算机发展历程.pptx"，练习主要视图切换操作。

① 启动 Microsoft PowerPoint 2016 后，单击"空白演示文稿"，单击"视图"菜单，程序窗口状态栏右侧有 5 种视图切换按钮，分别是普通、大纲视图、幻灯片浏览、备注页和阅读视图，如图 2-35 所示。分别单击这 5 个按钮，查看 PowerPoint 不同视图状态。

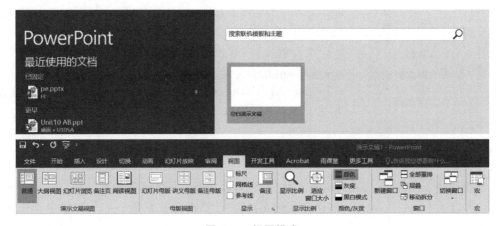

图 2-35　视图模式

② 单击"文件"菜单→选择"保存"，在弹出的"另存为"对话框中选择文件保存位置并将文件保存为"计算机发展历程.pptx"。

📋小贴士

PowerPoint 2016 允许用户选择是否需要打开当前演示文稿，创建带有或不带内容的新演示文稿，以及是否需要加载模板等。

编辑演示文稿的过程中，要时刻记得保存操作，可按 Ctrl＋S 组合键保存。

（2）在第 1 张标题幻灯片中，主标题输入"计算机发展历程"，副标题输入"从硬件发展角度出发"，设置字体、字号、字形，如图 2-36 所示。

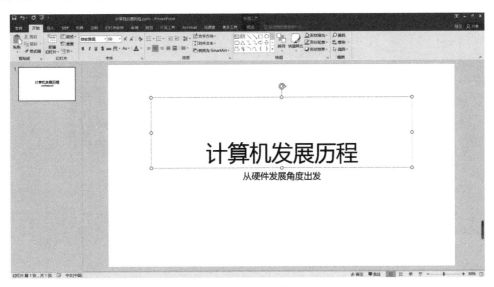

图 2-36 标题及字体设置

小贴士

幻灯片中，标题内的文本和内容位于名为"占位符"的可自动调整大小且能够移动的容器中。用户单击幻灯片窗格里的文本或图形便能看到占位符。占位符的大小可以调整或者拖动。

在通常情况下，标题幻灯片用于介绍演示文稿，位于演示文稿的首页。

（3）插入第 2 张幻灯片，标题部分输入"主要内容"，幻灯片内容部分列表输入"电子管计算机、晶体管计算机、集成电路计算机、大规模集成电路计算机"。将幻灯片版式修改为"标题和竖排文字"。

① 新建幻灯片。右击"幻灯片"窗格中的空白区域，弹出快捷菜单→选择"新建幻灯片"。

② 输入内容。默认情况下，将自动新建一张版式为"标题和内容"的幻灯片，在第 2 张幻灯片的标题部分输入"主要内容"，幻灯片内容部分分行输入"电子管计算机、晶体管计算机、集成电路计算机、大规模集成电路计算机"。

③ 修改第 2 张幻灯片版式。右击该幻灯片空白区域，弹出快捷菜单→选择"版式"→选择"标题和竖排文字"。修改后版式如图 2-37 所示。

（4）将幻灯片主题修改为"环保"，第 1 张幻灯片背景修改为预设渐变"浅色渐变—个性色 4"，类型为"标题的阴影"。

① 设置主题。单击"设计"选项卡→单击"主题"组右侧的下拉箭头，显示"所有主题"缩略图，如图 2-38 所示，设置幻灯片主题为"聚合"。

② 修改背景。右击第 2 张幻灯片空白区域，弹出快捷菜单→选择"设置背景格式"，

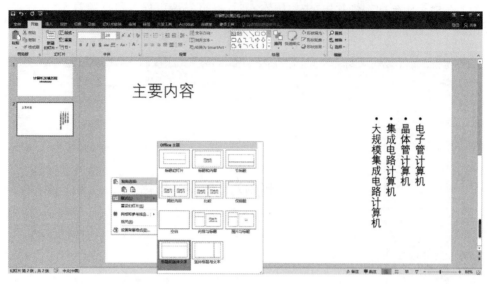

图 2-37 "标题和竖排文字"版式

图 2-38 "所有主题"列表

打开"设置背景格式"窗格,如图 2-39 所示,选择"渐变填充"选项→在"预设渐变"下拉列表中选择"浅色渐变—个性色 4","类型"选择"标题的阴影",即实现只修改第 2 张幻灯片背景。

(5)在每张幻灯片左上角添加文字"计算机发展历程",除第 1 张幻灯片外,在每张幻灯片右下角添加编号。

① 切换视图。单击"视图"选项卡→单击"母版视图"组中的"幻灯片母版",即可切换到幻灯片母版视图。

② 添加文字。单击"插入"选项卡→单击"文本"组中的"文本框"→选择"横排文本框",在幻灯片母版左上角绘制文本框并输入"计算机发展历程",如图 2-40 所示→单击"关闭母版视图",即可结束幻灯片母版编辑。

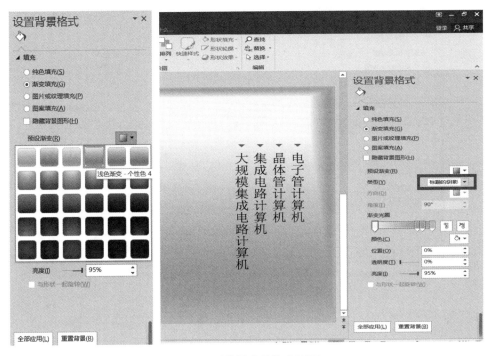

图 2-39 "设置背景格式"窗格

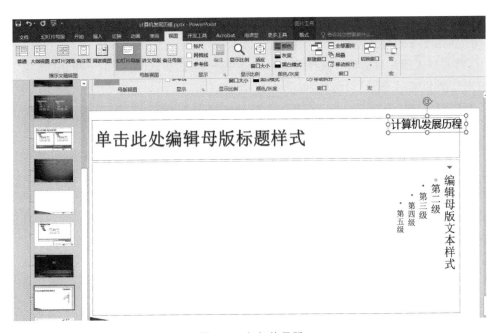

图 2-40 幻灯片母版

③ 添加编号。单击"插入"选项卡→单击"文本"组中的"页眉和页脚"→勾选"幻灯片编号"和"标题幻灯片中不显示",如图 2-41 所示→单击"全部应用"按钮即可。

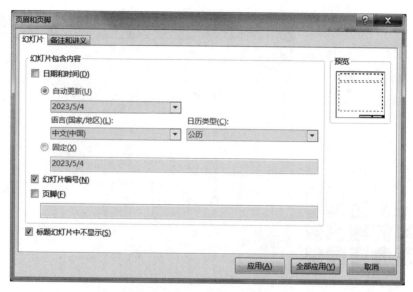

图 2-41 "页眉和页脚"对话框

✎小贴士

在每个成功的演示文稿后都隐藏着控制演示文稿放映的母版：幻灯片母版、备注母版和讲义母版。在母版中设置的操作会出现在整个演示文稿或指定的部分幻灯片中，确保演示文稿外观的一致性。

(6) 在第 2 张幻灯片左侧插入一幅图片。

① 打开插入图片对话框。选择第 2 张幻灯片→单击"插入"选项卡→单击"图像"组中的"图片"，弹出"插入图片"对话框，如图 2-42 所示。

图 2-42 "插入图片"对话框

② 插入图片。在"插入图片"对话框中按存储位置查找所需的图片并选中,单击"插入"按钮,即可在当前幻灯片中插入该图片,如图 2-43 所示。

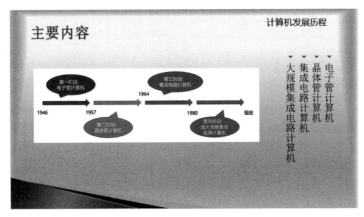

图 2-43 在幻灯片中插入"图片"

(7) 插入第 3 张幻灯片,版式为"标题和内容"。在标题部分输入"硬件角度计算机的发展历程",在幻灯片文本区域插入 4 列 5 行表格,并在单元格中进行数据录入。

① 设置幻灯片。插入第 3 张幻灯片→修改幻灯片版式为"标题和内容"版式→在幻灯片标题占位符中输入"硬件角度计算机的发展历程"。

② 插入表格。将光标定位到幻灯片文本区域→单击"插入"选项卡→单击"表格"组中的"表格"下拉菜单按钮→选择"插入表格",弹出"插入表格"对话框,输入 5 列 5 行→单击"确定"按钮,即在当前幻灯片文本区域中插入表格→在单元格中输入相关信息,如图 2-44 所示。

硬件角度计算机的发展历程

时代	年份	主要逻辑部件	软件	应用
第一代	1946—1957	电子管	机器语言 汇编语言	科学计算
第二代	1958—1964	晶体管	高级语言	数据处理 工业控制
第三代	1965—1971	集成电路	操作系统	文字处理 图形处理
第四代	1972迄今	大规模和超 大规模成电路	数据库、网络等	各个领域

图 2-44 表格设置

(8) 插入第 4 张幻灯片,版式为"标题和内容"。在标题部分输入"未来发展趋势",幻灯片内容区域插入艺术字"巨型化、微型化、智能化、网络化"。插入第 5 张幻灯片,幻灯片内容为"巨型化与微型化",将版式设为"比较",在两张幻灯片中输入文字和图片。

① 设置第 4 张幻灯片。插入第 4 张幻灯片→设置幻灯片版式为"标题和内容"版式→

在幻灯片标题占位符中输入文字"未来发展趋势"→单击"插入"选项卡→单击"文本"组中的"艺术字"下拉按钮,弹出下拉菜单,选择一种艺术字效果,如图 2-45 所示→在幻灯片内容区域分行输入文字"巨型化、微型化、智能化、网络化",完成艺术字插入操作,效果如图 2-46所示。

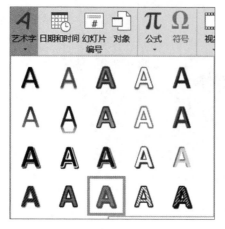

图 2-45 "艺术字"效果(1)

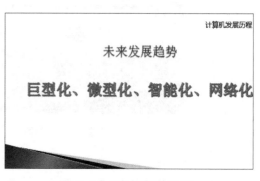

图 2-46 "艺术字"效果(2)

② 设置第 5 张幻灯片。插入第 5 张幻灯片→在幻灯片标题占位符中输入"巨型化与微型化"→右击幻灯片空白区域,弹出快捷菜单→选择"版式"中的"比较"→在幻灯片左右两侧分别插入图片和文字,如图 2-47 所示。

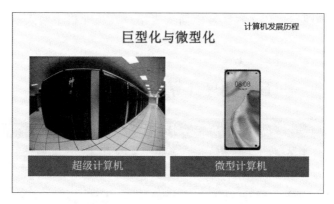

图 2-47 "巨型化与微型化"幻灯片

【实战练习】

制作演示文稿"《计算机系统》第一部分",不超过 10 张幻灯片。自行搜集素材、团队设计,整个演示文稿必须包括以下具体要求。

(1)第 1 张幻灯片版式为"标题幻灯片",加入主标题和副标题,设置字体、字号、字形、字色(采用 RGB 自定义设置)。

(2)第 2 张幻灯片设计为目录页,概述整个演示文稿要介绍的内容。

(3)将幻灯片主题修改为"流畅",第 1 张幻灯片背景修改为预设渐变"径向渐变—个性色1",类型为"矩形",方向为"线性向下"。

(4) 通过母版在每张幻灯片左上角添加文字"计算机系统",除第1张幻灯片外,在每张幻灯片右下角添加编号。

(5) 在幻灯片中插入表格,并自行设计表格样式。

(6) 插入搜集到的图片,适当加入艺术字、剪贴画等元素。

2.2.2 实验2:演示文稿高级操作

【实验目标】

(1) 插入和编辑超链接。
(2) 设置幻灯片切换效果。
(3) 设置对象动画效果。

【知识梳理】

演示文稿常用高级操作汇总如表2-5所示。

表 2-5 演示文稿常用高级操作汇总

序号	常 用 操 作	操 作 步 骤
1	添加超链接	选择对象→右击,弹出快捷菜单→选择"超链接"→设置超链接
2	添加动作按钮	单击幻灯片→选择"插入"选项卡→单击"形状"下拉按钮→选择"动作按钮"→绘制按钮→设置动作
3	设置切换方式	选择任一幻灯片→单击"切换"选项卡→单击"切换到此幻灯片"组列表右侧的下拉按钮→设置切换方式
4	设置动画效果	选择对象→单击"动画"选项卡→单击"动画"组右侧的下拉列表→设置动画效果

【实验内容】

任务描述:完善"计算机发展历程"演示文稿,设计动画效果。具体任务如下。

(1) 添加超链接。为第2张幻灯片内容添加超链接,实现单击图片超链接可跳转到第3张"硬件角度计算机的发展历程"幻灯片,在第3张幻灯片中设置"返回"按钮,单击该按钮可跳转回第2张幻灯片。

(2) 将音乐素材"轻音乐.mp3"插入演示文稿中。

(3) 将每张幻灯片切换方式设为"棋盘",方向为"顶部",切换持续时间为"01.00"秒。

(4) 按以下顺序添加各对象的动画效果,将第3张幻灯片的标题文字"硬件角度计算机的发展历程"添加垂直"随机线条"动画效果;表格的动画效果设置为"擦除"。在第4张幻灯片中利用触发器实现更丰富的动画效果,当单击"超级计算机"文字时,以"随机线条"的动画效果显示"超级计算机"图片;当单击"微型计算机"文字时,以"缩放"的动画效果显示"微型计算机"图片。

(5) 将演示文稿打包到文件夹,命名为"计算机发展历程",保存在 D:\。

【实验指导】

（1）添加超链接。为第 2 张幻灯片内容添加超链接，实现单击图片超链接可跳转到第 3 张"硬件角度计算机的发展历程"幻灯片，在第 3 张幻灯片设置"返回"按钮，单击该按钮可跳转回第 2 张幻灯片。

① 添加超链接。单击第 2 张幻灯片→选择图片→右击，弹出快捷菜单→选择"超链接"，弹出"插入超链接"对话框，如图 2-48 所示，在"链接到"中选择"本文档中的位置"→在"请选择文档中的位置"列表中选择"硬件角度计算机的发展历程"幻灯片→单击"确定"按钮，即可为第 2 张幻灯片中的图片添加超链接。

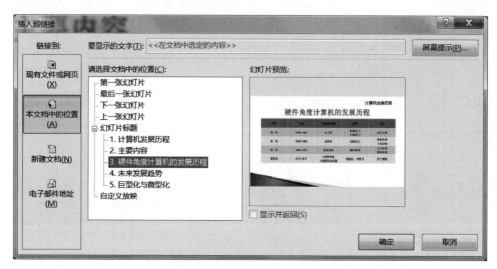

图 2-48 "插入超链接"对话框

② 在第 3 张幻灯片设置"返回"按钮，单击该按钮可跳转回第 2 张幻灯片，如图 2-49 所示。

图 2-49 幻灯片中的音频标识

✍小贴士

动作按钮是超链接的派生方式,它允许用户链接到演示文稿里的不同位置。使用动作按钮,可以使超链接变得更简单。

(2)将音乐素材插入演示文稿中。

选择第1张幻灯片→单击"插入"选项卡→单击"媒体"组中的"音频"下拉按钮→选择"PC上的音频",弹出"插入音频"对话框,选择所需添加的音频文件名→单击"插入"按钮,音频文件即可插入当前幻灯片中,如图2-50所示。音频在幻灯片中的标识是一个喇叭和一个播放控制条。

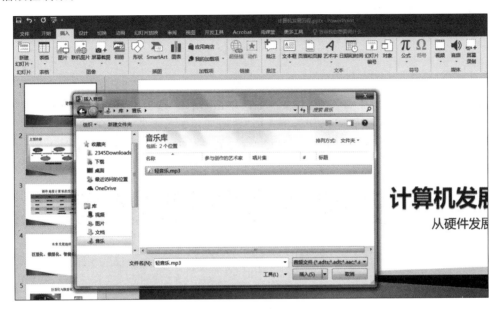

图 2-50 幻灯片中的音频设置

✍小贴士

将多媒体添加到演示文稿中,往往会分散观众的注意力,所以在实际设计演示文稿的过程中,一定要考虑清楚,按需添加。

(3)将每张幻灯片切换方式设为"棋盘",方向为"顶部",切换持续时间为"01.00"秒。

① 选择任意一张幻灯片→单击"切换"选项卡→单击"切换到此幻灯片"组中的切换效果列表右侧下拉按钮→在"华丽型"效果中选择"棋盘"效果。

② 单击"切换"选项卡→设置"计时"组中的"持续时间"为"01.00"秒。

③ 单击"切换"选项卡→单击"切换到此幻灯片"组中的"效果选项"下拉按钮→选择"自顶部",设置幻灯片的切换方向为"自顶部"。

④ 单击"切换"选项卡→单击"计时"组中的"全部应用"按钮,如图2-51所示。

(4)按以下顺序添加各对象的动画效果,将第3张幻灯片的标题文字"硬件角度计算机的发展历程"添加垂直"随机线条"动画效果;表格的动画效果设置为"擦除"。在第4张幻灯片中利用触发器实现更丰富的动画效果,当单击"超级计算机"文字时,以"随机线条"的动画效果显示"超级计算机"图片;当单击"微型计算机"文字时,以"缩放"的动画效果显示

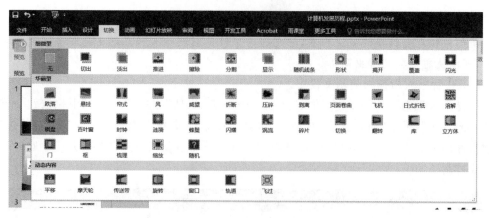

图 2-51　切换设置

"微型计算机"图片。

① 选择标题文字"历史背景"所在文本框→单击"动画"选项卡→单击"动画"组中的动画效果列表中的"随机线条"→设置"效果选项"按钮下拉菜单中的"方向"为"垂直"。

② 选中表格→设置其动画效果为"擦除"→设置"效果选项"按钮下拉菜单中的"方向"为"自顶部",如图 2-52 所示。

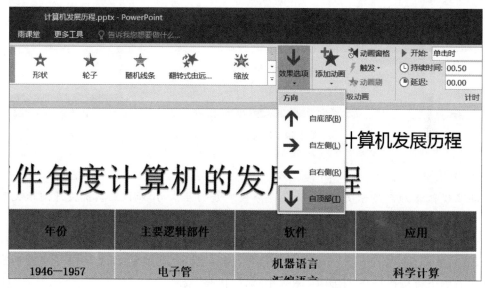

图 2-52　动画设置

③ 选择"超级计算机"图片→设置其动画效果为水平"随机线条",选择"微型计算机"图片→设置其动画效果为"缩放"。

④ 选择已经设置好动画效果的"超级计算机"图片→单击"动画"选项卡→单击"计时"选项卡中的"触发器"下拉按钮→选择"单击下列对象时启动效果"→选择"文本占位符 4:超级计算机",如图 2-53 所示。

⑤ 以相同操作设置"微型计算机"图片的触发对象为"微型计算机"文本框。

(5) 将演示文稿打包到文件夹,命名为"计算机发展历程",保存在 D:\。

图 2-53　触发器设置

① 打包演示文稿。单击"文件"选项卡→选择"导出"→单击"将演示文稿打包成 CD"按钮→单击右侧的"打包成 CD"按钮,如图 2-54 所示。

图 2-54　打包演示文稿

② 选择"复制到文件夹…"按钮,弹出对话框,如图 2-55 所示→设置文件夹名称为"计算机发展历程",保存位置为 D:\→单击"确定"按钮即可。

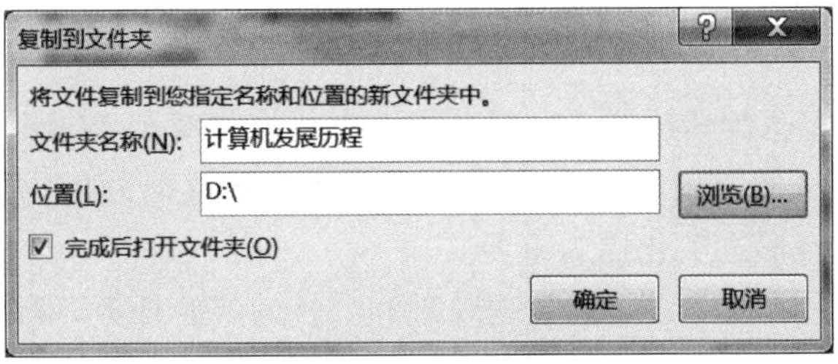

图 2-55　"复制到文件夹"对话框

✍小贴士

（1）演示文稿打包的作用。打包演示文稿后，可以将 PPT 链接的所有文件，如音频、视频及特殊字体等放在同一文件夹中，避免因文件路径的变化或字体文件的缺失导致演示文稿在其他计算机上无法正常播放。

（2）将演示文稿导出为视频。PowerPoint 2016 在打包时不包含 PowerPoint View（PPT 播放器），在没有安装 Office 的计算机上无法播放，但可以将演示文稿导出为视频格式，解决该问题的操作如下：单击"文件"选项卡→选择"导出"→选择"创建视频"→在工作区显示创建视频说明，根据实验要求设置"放映每张幻灯片的秒数"为 5 秒→单击"创建视频"按钮→单击"保存"按钮，即可将演示文稿导出为视频，默认格式为.wmv。

【实战练习】

制作演示文稿"《计算机系统》第二部分"。自行搜集素材、发挥想象、团队设计，整个演示文稿的具体要求如下。

（1）为第 2 张幻灯片每一个目录标题设置超链接，单击目录标题可链接到相应的幻灯片。

（2）结合主题插入相关音频和视频片断。

（3）为全部幻灯片设置切换效果，切换效果自行选择。

（4）演示文稿的幻灯片中要自行设计包含自定义动画中的"进入""退出""强调""动作路径"4 种效果。

（5）用排练计时的方式播放演示文稿，并保留排练时间，保存演示文稿。

2.3 Microsoft Excel 2016 电子表格处理

【写在前面的话】

Excel 是 Office 办公软件中的电子表格组件，是一款专业的表格制作和数据处理软件。其出色的数据计算、统计分析、辅助决策及图表绘制功能，使 Excel 成为最流行的个人计算机数据处理软件。在日常使用中，Excel 强大的数据分析管理能力也发挥着重要作用。

通过本节实验，学生应掌握 Microsoft Excel 2016 的基本操作和技巧，运用 Excel 提供的功能管理和分析数据，体验 Excel 所带来的高效和便捷。

【教与学的建议】

教的建议：本节实验教学建议采取任务驱动方式。相对于 Word 和 PowerPoint，Excel 的功能更为复杂，Excel 的应用目的更偏重于自动计算和数据分析，而非内容表现，因此数据操作的熟练度比表格形式美化更为重要。

学的建议：通过完成本节设定的数据整理和分析的实验任务，编制合理的报表，掌握使用 Excel 提高工作效率的基本方法和技巧，培养使用软件工具取代简单重复的手工业务的

意识,体验智能表格所带来的高效和便利。古语有云:"庖丁解牛,无他,唯手熟尔。"Excel
的学习和使用,就是一个不断积累和熟能生巧的过程。

2.3.1 实验1:工作表的基本操作

【实验目标】

(1) 工作簿、工作表的创建和编辑方法。
(2) 工作表的重命名、复制、删除操作。
(3) 工作表中的单元格编辑和格式设置的方法。
(4) 工作表窗口的拆分、冻结操作。
(5) 工作表的打印设置方法。

【知识梳理】

1. 核心概念

工作簿、工作表和单元格是组成 Excel 文件的三大要素。一个工作簿就是一个 Excel
文件,用于存储并处理数据,默认名字为"工作簿",扩展名为.xlsx。一个工作簿包含多张工
作表,工作表的默认名字为"Sheet1""Sheet2"等。每张工作表由若干行和若干列组成,一行
一列交叉处为一个单元格,单元格的名字由其所在的行号和列标组成,如 A2、E8。在 Excel
中,单元格是存储数据的最小单位。

2. 常用操作

工作表中的常用操作汇总如表 2-6 所示。

表 2-6 工作表中的常用操作汇总

序号	常用操作	操作步骤
1	重命名工作表	右击工作表的标签,弹出快捷菜单→选择"重命名",输入新工作表名称→按 Enter 键确认更改
2	选定单元格	(1)单击目标单元格,选定一个单元格 (2) 按住 Ctrl 键,选定不连续单元格或区域 (3) 按住 Shift 键,选定连续单元格或区域
3	选定行/列	(1)单击行号/列标,选定目标行/列 (2) 按住 Ctrl 键,选定不连续目标行/列 (3) 按住 Shift 键,选定连续目标行/列
4	选定整个工作表	单击工作表左上角的"全选"按钮,或按 Ctrl+A 组合键
5	输入纯数字型文本	输入一个英文单引号→输入数字→按 Enter 键确认输入
6	输入分数	输入一个 0 和空格→输入分数→按 Enter 键确认输入
7	设置单元格格式(数据格式、对齐方式、边框和底纹)	选中目标单元格→右击,弹出快捷菜单→选择"设置单元格格式" (说明:可设置数据格式、对齐方式、边框和底纹等)
8	快速合并及居中单元格	选中目标单元格→单击"开始"选项卡→单击"对齐方式"组中的"合并后居中"

续表

序号	常 用 操 作	操 作 步 骤
9	自动填充序列	按住单元格的填充句柄后向下拖动,松开鼠标,单击"自动填充选项"下拉按钮,选择"填充序列"
10	设置数据验证	选中目标单元格→单击"数据"选项卡→单击"数据工具"组中的"数据验证"
11	快速插入行/列	右击行号/列标,弹出快捷菜单→选择"插入"
12	快速调整行高/列宽	右击目标行/列,弹出快捷菜单→选择"行高"/"列宽"→设置固定数值
13	自动调整行高/列宽	选中目标行/列→单击"开始"选项卡→单击"单元格"组中的"格式"下拉按钮→选择"自动调整行高"/"自动调整列宽"
14	套用表格格式	选中表格区域→单击"开始"选项卡→单击"样式"组中的"套用表格格式"
15	设置条件格式	选中表格区域→单击"开始"选项卡→单击"样式"组中的"条件格式"
16	添加批注	选中表格区域→单击"审阅"选项卡→单击"批注"组中的"添加批注"
17	拆分窗口	选中位于拆分窗口位置的单元格→单击"视图"选项卡→单击"窗口"组中的"拆分"按钮
18	冻结拆分窗格	选中待冻结的行和列交叉处右下角单元格→单击"视图"选项卡→单击"窗口"组中的"冻结窗格"打开下拉菜单→选择"冻结窗格"
19	设置打印区域	选中目标区域→单击"页面布局"选项卡→单击"页面设置"组中的"打印区域"下拉按钮→选择"设置打印区域"

【实验内容】

任务描述：某年级需汇总考试成绩,通过 Excel 电子表格编辑和打印各班级期末考试成绩。具体内容如下。

（1）创建空白工作簿并保存文件名为"学生成绩表.xlsx"。

（2）在工作表 Sheet1 中输入如图 2-56 所示的数据。

	A	B	C	D	E	F	G	H	I	J
1	学号	姓名	班级	性别	高等数学	英语	程序设计	物理	总成绩	平均成绩
2	090220001	刘吉	计1班	男	95	95	93	82		
3	090220002	潘智坚	计1班	男	85	72	57	90		
4	090220003	彭宇	计2班	男	90	70	67	73		
5	090220004	乔迪	计3班	女	70	89	76	82		
6	090220005	孙行	计3班	女	75	84	77	74		
7	090220006	王凯	计1班	男	60	56	88	65		
8	090220007	王睿	计3班	女	88	69	84	91		
9	090220008	吴博	计2班	男	78	85	60	78		
10	090220009	杨雷	计3班	女	65	71	78	58		
11	090220010	张永	计2班	男	50	75	80	72		
12	090220011	高文广	计1班	女	49	65	70	58		
13	090220012	秦轩	计2班	男	95	78	92	84		

图 2-56　学生成绩表

要求：①学号列单元格数据格式为"文本",平均成绩列单元格保留 1 位小数；②利用填充句柄自动填充学号"090220001～090220012"；③批量输入性别列"男""女"。

（3）在第一行之前插入一行,合并和居中单元格区域 A1:J1,输入"学生成绩表"。

（4）设置工作表 Sheet1 中数据和单元格的格式。

要求：①将第一行格式设置为黑体、22 号、加粗、水平和垂直方向居中显示、行高 25；②设置单元格 A1 背景色为黄色，区域 A1:I14 的外边框为红色双实线，内边线为蓝色单实线。

（5）将工作表 Sheet1 中班级列中的"计"替换成"计算机"。

（6）将英语成绩小于 60 分的单元格字体设置为红色加粗显示。

（7）重命名工作表 Sheet1 为"成绩表"，复制工作表"成绩表"并重命名为"成绩表备份"，将工作表"成绩表备份"移至最后，删除工作表 Sheet2、Sheet3。

（8）将工作表"成绩表"拆分成 4 个窗口。

（9）冻结工作表"成绩表"中的姓名列和第 2 行。

（10）设置工作表"成绩表"的打印区域为 A1:J14，纸张大小为 A4，页边距上 3.8 厘米、下 2.8 厘米、左 3.6 厘米、右 2.6 厘米。

【实验指导】

（1）创建空白工作簿并保存文件名为"学生成绩表.xlsx"。

① 单击"文件"菜单→选择"新建"→选择新建"空白工作簿"。

② 单击"文件"菜单→单击"保存"或"另存为"→选择"这台电脑"或"浏览"→选择保存位置→将文件保存为"成绩汇总.xlsx"→单击"保存"按钮。

（2）在工作表 Sheet1 中输入如图 2-56 所示的数据。

① 学号列单元格数据格式为"文本"，平均成绩列单元格保留 1 位小数。

a. 选中单元格区域 A2:A13→右击，弹出快捷菜单→选择"设置单元格格式"，弹出"设置单元格格式"对话框。

b. 单击"数字"选项卡→从"分类"列表中选择"文本"→单击"确定"按钮，即可在 A2:A13 区域输入文本型数据。

　小贴士

输入文本数据快捷方式：输入一个英文单引号→输入数字→按 Enter 键确认输入，如输入"'090220001"。

在默认状态下，文本型数据靠单元格左侧显示，数值型数据靠单元格右侧显示。

c. 选中单元格区域 J2:J13→在"设置单元格格式"对话框中选择"分类"列表中的"数值"，设置小数位数为"1"→单击"确定"按钮。

② 利用填充句柄自动填充学号"090220001～090220012"。

a. 在单元格 A2 中输入"090220002"。

b. 选中单元格 A2，将鼠标指针指向单元格右下角的填充句柄（一个黑色实心小方块），当鼠标指针变为黑色"＋"时，按住鼠标左键将其拖动至单元格 A13 松开，填充句柄右下方显示"自动填充选项"图标，单击该图标选择填充方式为"填充序列"，Excel 会自动按照序列变化进行填充。

③ 批量输入性别列"男""女"。

a. 按住 Ctrl 键，依次单击单元格 D5、D6、D8、D10 和 D12，即选中需要输入数据的单元格。

📎小贴士

选定区域时,同时按住 Shift 键可选定连续的区域,同时按住 Ctrl 键可选定不连续的多个区域。

b. 在其中高亮的单元格中输入"女",按 Ctrl+Enter 组合键。

c. 可按照相同的方法在其他单元格中输入"男"。也可以利用"定位"功能,选中单元格区域 D2:D13→单击"开始"选项卡→单击"编辑"组中的"查找和选择"下拉按钮→选择"定位条件",弹出"定位条件"对话框→选择"空值"单选按钮,即选中所有剩下的单元格,如图 2-57 所示。在其中高亮的单元格中输入"男",按 Ctrl+Enter 组合键。

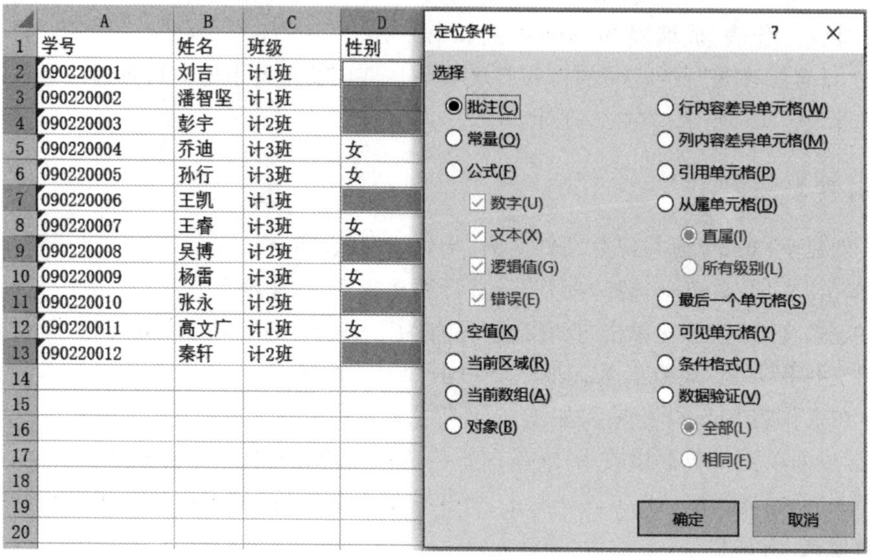

图 2-57 "定位条件"对话框

📎小贴士

要在一个单元格中输入多行数据,可以输入一行后按 Alt+Enter 组合键实现换行。

(3) 在第一行之前插入一行,合并和居中单元格区域 A1:J1,输入"学生成绩表"。

① 单击第一行行号,选中第一行→右击,弹出快捷菜单→选择"插入"。也可以在选中第一行后,单击"开始"选项卡→单击"单元格"组中的"插入"下拉按钮→选择"插入工作表行"。

② 选中单元格区域 A1:J1→单击"开始"选项卡→单击"对齐方式"组中的"合并后居中"。

③ 在合并后的单元格 A1 中输入"学生成绩表"。

(4) 设置工作表 Sheet1 中数据和单元格的格式。

① 将第一行格式设置为黑体、22 号、加粗、水平和垂直方向居中显示、行高 25。

a. 选中 A1 单元格→右击,弹出快捷菜单→选择"设置单元格格式",弹出"设置单元格格式"对话框→选择"字体"选项卡,设置字体格式→选择"对齐"选项卡,设置对齐方式。

b. 右击第一行行号,弹出快捷菜单→选择"行高",弹出"行高"对话框,设置行高 25。

② 设置单元格 A1 背景色为黄色,区域 A1:I14 的外边框为红色双实线,内边线为蓝色

单实线。

　　a. 选中单元格 A1→右击,弹出快捷菜单→选择"设置单元格格式"→单击"填充"选项卡→选择"背景色"中的黄色→单击"确定"按钮。

　　b. 选中单元格区域 A1:J14→右击,弹出快捷菜单→选择"设置单元格格式"→选择"边框"选项卡。

　　📝小贴士

必须按照"样式""颜色"和"预置"的顺序,分别设置内外边框线格式。

　　(5) 将工作表 Sheet1 中班级列中的"计"替换成"计算机"。

　　① 单击"开始"选项卡→单击"编辑"组中的"查找和选择"下拉按钮→选择"替换"命令,弹出"查找和替换"对话框。

　　② 在"查找内容"框中输入"计",在"替换为"框中输入"计算机",单击"全部替换"按钮。

　　(6) 将英语成绩小于 60 分的单元格字体设置为红色加粗显示。

　　选中英语成绩单元格区域 E3:E14→单击"开始"选项卡→单击"样式"组中的"条件格式"→选择"突出显示单元格规则(H)"→选择"小于(L)",弹出"'小于'格式规则"对话框,输入 60→单击右侧格式设置栏的下拉按钮,设置符合条件的数据格式→单击"确定"按钮即可,如图 2-58 所示。

图 2-58　"'小于'格式规则"对话框

　　(7) 重命名工作表 Sheet1 为"成绩表",复制工作表"成绩表"并重命名为"成绩表备份",将工作表"成绩表备份"移至最后,删除工作表 Sheet2、Sheet3。

　　① 右击工作表 Sheet1 标签,弹出快捷菜单→选择"重命名"命令,直接输入新工作表名称"成绩表"→按 Enter 键确认更改。

　　② 右击工作表"成绩表"标签,弹出快捷菜单→选择"移动或复制"命令,弹出"移动或复制工作表"对话框→选择"下列选定工作表之前"的"(移至最后)"→勾选"建立副本"→单击"确定"按钮。

　　📝小贴士

还可以配合快捷键复制工作表,按住 Ctrl 键,拖动待复制的工作表标签至复制位置。

　　③ 重命名工作表"成绩表(2)"为"成绩表备份"→按 Enter 键确认更改。

　　④ 按住 Ctrl 键,同时选中工作表 Sheet2、Sheet3,右击工作表标签,在弹出的快捷菜单中选择"删除"命令。

　　(8) 将工作表"成绩表"拆分成 4 个窗口。

　　选择工作表"成绩表",选择位于拆分窗口位置的任意一个单元格→单击"视图"选项卡→单击"窗口"组中的"拆分"按钮,效果如图 2-59 所示。

> **小贴士**
>
> 若要取消拆分窗口,则再次单击"拆分"按钮。拆分窗口后,在每个窗口都可以对原来整个工作表进行操作。

学号	姓名	班级	性别	高等数学	英语	程序设计	物理	总成绩	平均成绩
				学生成绩表					
090220001	刘吉	计算机1班	男	95	95	93	82		
090220002	潘智坚	计算机1班	男	85	72	57	90		
090220003	彭宇	计算机2班	男	90	70	67	73		
090220004	乔迪	计算机3班	女	70	89	76	82		
090220005	孙行	计算机3班	女	75	84	77	74		
090220006	王凯	计算机1班	男	60	56	88	65		
090220007	王睿	计算机3班	女	88	69	84	91		
090220008	吴博	计算机2班	男	78	85	60	78		
090220009	杨雷	计算机3班	女	65	71	78	58		
090220010	张永	计算机2班	男	50	75	80	72		
090220011	高文广	计算机1班	女	49	65	70	58		
090220012	秦轩	计算机2班	男	95	78	92	84		

图 2-59　工作表拆分 4 个窗口效果

(9) 冻结工作表"成绩表"中的姓名列和第 2 行。

① 选中所冻结的行和列交叉处右下角单元格,即 C3 单元格。

> **小贴士**
>
> 窗口冻结区域是当前选定单元格的上面和左侧区域。

② 单击"视图"选项卡→单击"窗口"组中的"冻结窗格"下拉按钮→选择"冻结窗格"命令,则在当前选定单元格的上面和左侧各出现一条黑色的冻结线。

> **小贴士**
>
> 如果滚动垂直滚动条,则水平黑线以上的单元格区域被冻结,始终保持可见;如果滚动水平滚动条,则垂直黑线左侧的单元格区域被冻结,始终保持可见。如果要取消窗口冻结,则单击"视图"选项卡→单击"窗口"组中的"冻结窗格"下拉按钮→选择"取消冻结窗格"命令即可。

(10) 设置工作表"成绩表"的打印区域为 A1:J14,纸张大小为 A4,页边距上 3.8 厘米、下 2.8 厘米、左 3.6 厘米、右 2.6 厘米。

① 选中单元格区域 A1:J14→单击"页面布局"选项卡→单击"页面设置"组中的"打印区域"下拉按钮→选择"设置打印区域",即可设置打印区域。

② 单击"页面布局"选项卡→单击"页面设置"组中的"纸张大小",设置纸张大小为 A4→单击"页面设置"组中的"页边距"下拉按钮,选择"自定义页边距"→调整页边距上 3.8 厘米、下 2.8 厘米、左 3.6 厘米、右 2.6 厘米。

【实战练习】

(1) 新建工作簿,并保存文件名为"练习 1. xlsx"。在工作表 Sheet1 中输入如图 2-60 所示的数据。

	A	B	C	D	E	F	G	H
1	教师情况表							
2	编号	姓名	年龄	性别	学历	职称	籍贯	工资
3	C001	朗宁	28	男	硕士	讲师	辽宁	4000
4	C002	王依依	26	女	硕士	讲师	黑尤江	3500
5	C003	刘青	35	女	本科	教授	山东	4500
6	C004	张志强	32	男	硕士	讲师	河南	3500
7	C005	赵森	33	男	本科	讲师	黑尤江	3500
8	C006	王帅	23	男	本科	助教	吉林	2500
9	C007	卢宇辉	26	男	本科	讲师	河北	3500
10	C008	李伟	31	男	博士	讲师	辽宁	4500
11	C009	王慧	37	女	本科	教授	湖北	5500
12	C010	郭一磊	25	男	硕士	讲师	辽宁	3500

图 2-60　“练习 1. xlsx”中的工作表 Sheet1

(2) 将工作表 Sheet1 的标题 A1:F1 合并居中，格式设置为字号 18、仿宋、加粗、红色、背景黄色、行高 30。

(3) 将工作表 Sheet1 中区域 A1:F18 外边线设置为红色双实线，内边线设置为蓝色单实线。

(4) 将工作表 Sheet1 中的“黑尤江”替换为“黑龙江”。

(5) 将工作表 Sheet1 中籍贯为“辽宁”的字体设置为红色加粗显示。

(6) 设置工作表 Sheet1 区域 A2:H12 字号 12、行高 20、列宽 10。

(7) 设置工作表 Sheet1 区域 A1:H12 的数据水平和垂直方向均居中对齐。

(8) 打开工作簿“练习 1. xlsx”，复制工作表 Sheet1。

(9) 重命名工作表 Sheet1 为“教师情况表”，工作表 Sheet1(2)为“教师情况表备份”。

(10) 删除工作表 Sheet2、Sheet3。

(11) 选择工作表“教师情况表”，将其拆分成 4 个窗口，并观察这 4 个窗口。

(12) 选择工作表“教师情况表”，冻结姓名列和第 2 行。

(13) 选择工作表“教师情况表”，设置打印区域为 A1:F18，纸张大小为 A4，页边距上 3.8 厘米、下 2.8 厘米、左 3.6 厘米、右 2.6 厘米。

2.3.2　实验 2：公式与图表操作

【实验目标】

(1) 使用自动求和、自动求平均值工具。

(2) 利用公式、函数进行计算。

(3) 使用相对引用、绝对引用。

(4) 创建、编辑不同类型的图表。

【知识梳理】

1. 核心概念

公式与函数是 Excel 完成数据分析、统计任务的核心利器。当遇到原始数据量大、计算过程复杂及有后续更新需求的应用时，使用公式和函数来完成计算，既准确无误，又省时省力。

（1）公式就是手动输入计算公式。Excel 的公式是以半角英文等号（＝）开头，后面用运算符连接运算对象组成的表达式。

（2）函数就是使用预定义的公式，即函数库。常用的插入函数、自动计算工具都是由函数库提供的预定义公式进行计算的，只需设置参数即可。

（3）图表是数据可视化的重要工具。Excel 2016 提供了 15 种图表类型，可根据需要选择恰当的方式来表达数据信息。Excel 中的图表按照插入的位置可以分为内嵌图表和工作表图表。内嵌图表一般与其数据源一起出现，而工作表图表与数据源是分离的，图表占据整个工作表。

2. 常用操作

公式与图表的常用操作汇总如表 2-7 所示。

表 2-7　公式与图表的常用操作汇总

序号	常用操作	操作步骤
1	自动求和/平均值	（1）选中存放计算结果的单元格 → 单击"开始"选项卡 → 单击"编辑"组中的"∑ 自动求和"下拉箭头 → 选择"求和"/"平均值" （2）选中存放计算结果的单元格 → 单击"公式"选项卡 → 单击"函数库"组中的"∑ 自动求和"下拉箭头 → 选择"求和"/"平均值" （说明：可用鼠标拖动的方式重新选择目标区域）
2	使用公式处理数据	选中存放计算结果的单元格→在编辑栏或单元格中输入以"＝"开头的运算表达式→按 Enter 键或编辑栏左侧的"√" 示例：输入"＝(E3＋F3＋G3＋H3)/4"
3	使用函数处理数据	选中存放结果的单元格→单击"公式"选项卡→单击"函数库"组中的"插入函数"，弹出"插入函数"对话框
4	建立图表	选中数据源区域→单击"插入"选项卡→选择"图表"组中相应的图表类型
5	设置图表	建立图表→选择自动生成的"图表工具"，设置相应的"设计""格式"

【实验内容】

任务描述：利用 Excel 电子表格计算某班级各科成绩，分析各科最高成绩，比较各学生成绩，并可视化展示。具体内容如下。

（1）使用自动求和工具计算各学生的总成绩。

（2）利用公式计算各学生的平均成绩。

（3）在单元格 C15 输入"最高分"，利用函数求各科最高分。

（4）在单元格 K2 输入"排名"，利用函数计算各学生的平均成绩在所有平均成绩中的排名。

（5）为姓名列和平均成绩列数据建立图表，图表类型为"簇状柱形图"，图表标题为"平均成绩统计图"。

【实验指导】

（1）使用自动求和工具计算各学生的总成绩。

① 选中单元格区域 I3→单击"公式"选项卡→单击"函数库"组中的"自动求和"下拉按

钮→选择"求和",则在 I3 中计算出第一个学生的总成绩→按 Enter 键确认计算。

✍小贴士

单击"自动求和"等工具按钮(即预定义函数)后,Excel 会给出一个参考的单元格引用范围,可通过单击或者拖曳来调整参考范围。

② 选中单元格 I3,将鼠标指针指向单元格右下角的填充句柄,当鼠标变为黑"＋"时,按住鼠标左键拖动至单元格 I14 后释放鼠标,Excel 会自动填充单元格区域 J4:J14 数据。

✍小贴士

使用填充句柄拖动含有公式的单元格,可以实现公式的复制。

(2) 利用公式计算各学生的平均成绩。

① 选中单元格 J3→在编辑栏或单元格中输入"＝(E3＋F3＋G3＋H3)/4"→按 Enter 键或编辑栏左侧的"√",则在 J3 中计算出第一个学生的平均成绩,如图 2-61 所示。

图 2-61　在编辑栏或单元格输入公式界面

② 使用拖动 J3 填充句柄的方法,自动填充单元格区域 J4:J14 的平均成绩。

✍小贴士

当一个数据列中的公式不一致时,不一致的单元格左上角会显示一个绿色的三角,当选中某一个公式不一致的单元格时,左侧还会出现黄色叹号警示符号,单击警示符号会出现浮动提示信息。

(3) 在单元格 D15 输入"最高分",利用函数求各科最高分。

① 在单元格 D15 中输入"最高分"。

② 选中单元格 E15→单击"公式"选项卡→单击"函数库"组中的"插入函数",弹出"插入函数"对话框→在"搜索函数"框中输入 max→选择"转到"按钮,从"选择函数"中选择 MAX→单击"确定"按钮。

③ 在弹出的"函数参数"对话框中,单击 Number1 区域右侧的折叠按钮→选择单元格区域 E3:E14→单击折叠按钮,展开对话框→单击"确定"按钮,计算出高等数学最高分。

④ 拖动单元格 E15 的填充句柄,自动填充单元格区域 F15:H15,计算出各科最高分。

(4) 在单元格 K2 输入"排名",利用函数计算各学生的平均成绩在所有平均成绩中的排名。

① 在单元格 K2 中输入"排名"。

② 选中单元格 K3→单击"公式"选项卡→单击"函数库"组中的"插入函数",弹出"插入函数"对话框→在"搜索函数"输入框中输入 rank→选择"转到"按钮,从"选择函数"中选择 RANK→单击"确定"按钮。

③ 弹出"函数参数"对话框,如图 2-62 所示,先单击 Number 输入框,光标落在 Number 输入框中,选中单元格 J3,J3 被自动填写到 Number 输入框中;单击 Ref 输入框,选中单元格区域 J3:J14。注意:要将 Ref 输入框中的相对引用地址"J3:J14"修改为绝对引用地址" \$J \$3: \$J \$14";在 Order 输入框中输入"0",单击"确定"按钮,得到第一个学生的平均成绩排名。

图 2-62 "函数参数"对话框

④ 拖动单元格 K3 的填充句柄,自动填充单元格区域 K4:K14 的平均成绩排名。

✎小贴士

使用 Excel 函数时,窗口中会提示该函数功能以及各个参数功能、使用要求等。

相对引用。公式复制时,会根据位置的变化而改变公式中引用单元格的地址,如 J3。

绝对引用。公式复制时,绝对引用单元格地址不会随着位置变化而改变,单元格地址行号、列号、行号列号前均可根据实际需要添加" \$ "符号,如 \$J3、J \$3、\$J \$3,同时可选中需添加绝对引用地址后按 F4 功能键切换" \$ "符号位置。

(5) 为姓名列和平均成绩列数据建立图表,图表类型为"簇状柱形图",图表标题为"平均成绩统计图"。

① 选中姓名列数据单元格区域 B2:B14,按住 Ctrl 键,同时选中平均成绩列单元格区域 J2:J14。

② 单击"插入"选项卡→单击"图表"组中的"柱形图"下拉按钮→选择"二维柱形图"→选择"簇状柱形图"。

③ 选中图表中"平均成绩"文字区域,再次单击,修改图表标题为"平均成绩统计图",如图 2-63 所示。

✎小贴士

图表生成后可进一步设置和美化。选中图表→选择"图表工具"中的"设计"选项卡→选择"图表布局"组中的"添加图表元素"列表中的相关设置即可,如图 2-63 所示。

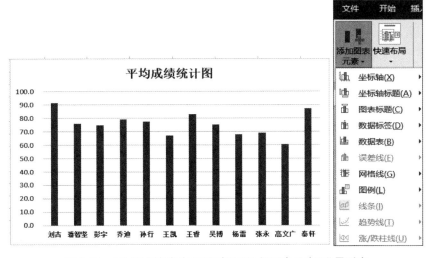

图 2-63 "平均成绩统计图"图表和"添加图表元素"设置列表

【实战练习】

(1) 新建工作簿,并保存文件名为"练习 2.xlsx"。

(2) 打开工作簿"练习 2.xlsx",在工作表 Sheet1 中输入如图 2-64 所示数据。

(3) 利用公式计算各班优秀率。说明:班级优秀率=优秀学生人数÷人数。

(4) 利用自动求和工具计算优秀学生总人数,并保存在 C7 单元格。

(5) 利用公式绝对引用计算总优秀率。说明:总优秀率=优秀学生人数÷优秀学生总人数(结果保留 1 位小数)。

图 2-64 "练习 2.xlsx"中工作表 Sheet1

(6) 为"优秀学生人数"列和"总优秀率"列数据建立图表,图表类型为"三维图",图表标题为"优秀学生统计图"。

(7) 在第一行之前插入一行,输入"优秀学生情况表"。

(8) 将单元格 A1:E1 合并居中,文字为蓝色、粗体、黄色底纹。

(9) 设置区域 A1:E8 外边框为蓝色双实线,内边框为绿色单实线。

(10) 将工作表 Sheet1 重命名为"优秀学生情况表"。

2.3.3 实验 3:数据管理与分析

【实验目标】

(1) 数据排序的方法。

(2) 数据记录的自动筛选、高级筛选的使用方法。

(3) 数据的分类汇总操作。

（4）创建、编辑数据透视表。

【知识梳理】

1. 核心概念

（1）排序是按照指定的条件将数据重新排列，是 Excel 中使用频率最高的操作之一。

（2）筛选的主要功能是从数据表中按照某个条件选出一部分数据，隐藏其他暂时不关心的数据。

（3）分类汇总是按照某关键字段对数据按特定的方式进行汇总，是 Excel 中的基本数据分析工具之一。虽然分类汇总可进行的统计计算也能用公式和函数完成，但使用分类汇总会更加方便快捷。

（4）数据透视表是将排序、筛选和分类汇总 3 个功能结合，对大量数据快速汇总，并建立交叉列表的交互式表格。

2. 常用操作

数据管理与分析的常用操作汇总如表 2-8 所示。

表 2-8　数据管理与分析的常用操作汇总

序号	常用操作	操作步骤
1	快速升/降序排序	光标置于待排序列的任意一个单元格中，单击"开始"选项卡→单击"编辑"组中的"排序和筛选"下拉按钮→选择"升序"/"降序"
2	排序	光标置于待排序列的任意一个单元格中，单击"数据"选项卡→单击"排序和筛选"组中的"排序"，弹出"排序"对话框→可分别设置"列""排序依据""次序"等
3	自动筛选	选中单元格区域，单击"数据"选项卡→单击"排序和筛选"组中的"筛选"
4	高级筛选	编辑筛选条件，单击"数据"选项卡→单击"排序和筛选"组中的"高级"，弹出"高级筛选"对话框→可分别设置"方式""列表区域""条件区域""是否选择不重复记录"等
5	分类汇总	先排序，选中单元格区域，单击"数据"选项卡→单击"分级显示"组中的"分类汇总"，弹出"分类汇总"对话框
6	建立数据透视表	单击"插入"选项卡→单击"表格"组中的"数据透视表"下拉按钮→选择"数据透视表"，弹出"创建数据透视表"对话框

【实验内容】

任务描述：利用 Excel 电子表格，对某年级各科成绩做细化分析，统计每班各科的成绩情况，并从不同角度观察数据。具体内容如下。

（1）按照"总成绩"降序及"英语"成绩升序的方式排列所有成绩。

（2）利用自动筛选工具筛选出"英语"成绩大于或等于 80 分且小于 90 分的学生记录。

（3）利用高级筛选工具筛选出"英语"或"程序设计"成绩大于 80 分的学生记录。

（4）分类汇总各班级高等数学、英语、程序设计、物理的平均成绩。

（5）以工作表"成绩表备份"中的数据为基础，建立数据透视表。

【实验指导】

（1）按照"总成绩"降序及"英语"成绩升序的方式排列所有成绩。

① 选中单元格区域 A2:J14→单击"数据"选项卡→单击"排序和筛选"组中的"排序"，弹出"排序"对话框。

② 设置主要关键字为"总成绩"，排序依据为"单元格值"，次序为"降序"。

③ 单击"添加条件"按钮添加第 2 个排序条件，设置次要关键字为"英语"，排序依据为"单元格值"，次序为"升序"→单击"确定"按钮，即可按设定条件排序。

（2）利用自动筛选工具筛选出"英语"大于或等于 80 分且小于 90 分的学生记录。

① 选中单元格区域 A2:J14→单击"数据"选项卡→单击"排序和筛选"组中的"筛选"，则在 A2:J2 区域的每个单元格右侧显示筛选按钮。

② 单击"英语"筛选按钮，在下拉菜单中选择"数字筛选"→选择"自定义筛选"，弹出"自定义自动筛选方式"对话框。

③ 根据要求，在第 1 个条件里选择"大于或等于"，数值设为 80；在第 2 个条件里选择"小于"，数值为 90；两个条件的关系为"与"，如图 2-65 所示，单击"确定"按钮即可。

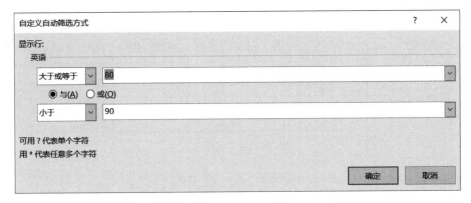

图 2-65　"自定义自动筛选方式"对话框

✍小贴士

若要再次显示全部数据，可单击"英语"筛选按钮，选择复选框"（全选）"，单击"确定"按钮。

（3）利用高级筛选工具筛选出"英语"或"程序设计"成绩大于 80 分的学生记录。

① 编辑筛选条件。在工作表空白区域同一行分别输入"英语"和"程序设计"。根据筛选条件，"英语"或"程序设计"成绩大于 80 分，两个条件为"或"关系，则在条件区域中将条件值输入到不同行，如图 2-66 所示。

② 单击"数据"选项卡→单击"排序和筛选"组中的"高级"，弹出"高级筛选"对话框。

③ 选择"方式"中的"将筛选结果复制到其他位置"。

④ 设置列表区域。单击"列表区域"中的折叠按钮，显示"高级筛选—列表区域"对话框→选择数据区域为 A2:J14→单击折叠按钮，再次展开"高级筛选"对话框。

⑤ 设置条件区域。单击"条件区域"中的折叠按钮，显示"高级筛选—条件区域"对话框→选择筛选条件所在的区域→单击折叠按钮，再次展开"高级筛选"对话框。

⑥ 设置复制区域。单击"复制到"中的折叠按钮，显示"高级筛选—复制到"对话框→选择存放结果的起始单元格，如A21，如图2-67所示→展开"高级筛选"对话框，单击"确定"按钮，筛选结果如图2-68所示。

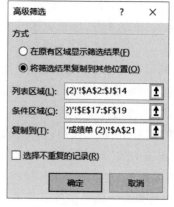

英语	程序设计
>80	
	>80

图 2-66　高级筛选"筛选条件"示例　　　　　图 2-67　"高级筛选"对话框

21	学号	姓名	班级	性别	高等数学	英语	程序设计	物理	总成绩	平均成绩
22	090220001	刘吉	计算机1班	男	95	95	93	82	365	91.3
23	090220012	秦轩	计算机2班	男	95	78	92	84	349	87.3
24	090220007	王睿	计算机3班	女	88	69	84	91	332	83.0
25	090220004	乔迪	计算机3班	女	70	89	76	82	317	79.3
26	090220005	孙行	计算机3班	女	75	84	77	74	310	77.5
27	090220008	吴博	计算机2班	男	78	85	60	78	301	75.3
28	090220006	王凯	计算机1班	男	60	56	88	65	269	67.3

图 2-68　高级筛选结果

小贴士

条件区域应与数据区至少空出一行或一列。

条件区域至少占两行，第一行是与数据表一致的列标题名（列标题名要在同一行），第二行以下为筛选的条件。

位于同一行的条件之间是"与"关系，不同行之间是"或"关系。

（4）分类汇总各班级高等数学、英语、程序设计、物理的平均成绩。

① 先按照"班级"排序。光标置于"班级"列任意一个单元格→选择"数据"选项卡→单击"排序和筛选"组中的"排序"→设置主要关键字为"班级"，排序依据为"单元格值"，次序为"升序"或"降序"均可。

② 选中单元格区域A2:J14→单击"数据"选项卡→选择"分级显示"组→单击"分类汇总"，弹出"分类汇总"对话框→在分类字段中选择"班级"，汇总方式选择"平均值"→在选定汇总项中选择"高等数学""英语""程序设计""物理"，如图2-69所示→单击"确定"按钮。各班成绩分类汇总结果一目了然，可单击数据表左侧导航栏中的"1""2""3"或"+"或"−"，即可呈现不同级别的分类汇总数据。

✅小贴士

进行分类汇总操作前,必须先按分类字段进行排序。

若要删除分类汇总,使数据恢复到之前的状态,只需打开"分类汇总"对话框,单击"全部删除"按钮即可。

(5) 以工作表"成绩表备份"中的数据为基础,建立数据透视表。

① 删除当前数据表的分类汇总,恢复至未汇总状态。

② 单击"插入"选项卡→选择"表格"组→单击"数据透视表"下拉按钮→选择"数据透视表",弹出"创建数据透视表"对话框→设置"选择一个表或区域"为单元格区域 A2:J14→选择"现有工作表",设置存放数据透视表的起始单元格,如 A17,如图 2-70 所示→单击"确定"按钮,生成待编辑的数据透视表。

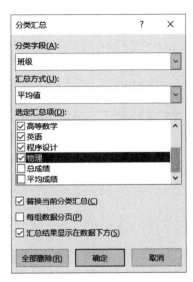

图 2-69 "分类汇总"对话框

③ 单击数据透视表中的任意位置,工作区右侧出现"数据透视表字段列表"窗口,"选择要添加到报表的字段":姓名、班级、高等数学、英语、程序设计、物理、平均成绩,如图 2-71 所示。

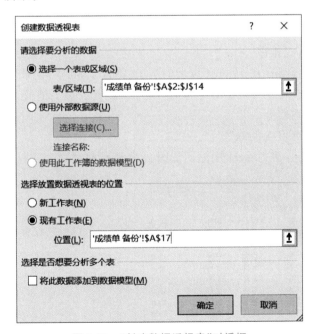

图 2-70 "创建数据透视表"对话框

图 2-71 "数据透视表字段列表"窗口

④ 根据选择的顺序,字段已依次添加到数据透视表中。由于选择字段时"姓名"在"班级"之前,所以生成的数据透视表如图 2-72 所示。若调整行标签顺序,可单击行标签"姓名"右侧的下拉按钮→选择"下移"命令,生成新的数据透视表,实现不同角度的切换。

行标签 ▼	求和项:高等数学	求和项:英语	求和项:程序设计	求和项:物理	求和项:平均成绩
⊞高文广	49	65	70	58	60.5
⊞刘吉	95	95	93	82	91.25
⊞潘智坚	85	72	57	90	76
⊞彭宇	90	70	67	73	75
⊞乔迪	70	89	76	82	79.25
⊞秦轩	95	78	92	84	87.25
⊞孙行	75	84	77	74	77.5
⊞王凯	60	56	88	65	67.25
⊞王睿	88	69	84	91	83
⊞吴博	78	85	60	78	75.25
⊞杨雷	65	71	78	58	68
⊞张永	50	75	80	72	69.25
总计	900	909	922	907	909.5

≡ 行

姓名 ▼

班级 ▼

图 2-72 以"姓名"为主要行标签的数据透视表效果

【实战练习】

（1）新建工作簿，并保存文件名为"练习 3. xlsx"。

（2）打开工作簿"练习 3. xlsx"，在工作表 Sheet1 中输入如图 2-73 所示数据。

	A	B	C	D	E	F	G	H
1	工号	姓名	性别	出生年份	工资	津贴	奖金	水电费
2	1	孙中	男	1980	5212	690	680	19.4
3	2	杨柳	女	1983	5263	680	850	26.2
4	3	徐轩	男	1990	4347	650	890	34
5	4	钟青	男	1975	6335	840	880	32.7
6	5	李菲	女	1975	6303	840	980	40.5
7	6	季林	男	1988	3263	600	820	23.6
8	7	郑欣	女	1971	7311	896	870	30.1

图 2-73 "练习 3. xlsx"中的工作表 Sheet1

（3）按照"工资"降序、"津贴"降序方式排序。

（4）利用自动筛选工具筛选出"出生年份"在 1980 年以后的员工（不含 1980 年）记录。

（5）利用高级筛选工具筛选出"工资"大于 6 000 元或"奖金"大于 800 元的员工记录。

（6）按性别分类汇总平均工资和平均奖金。

（7）新建工作簿，并保存文件名为"练习 4. xlsx"。

（8）打开工作簿"练习 4. xlsx"，在工作表 Sheet1 中输入如图 2-74 所示数据。

	A	B	C	D	E	F
1	教师情况表					
2	编号	年龄	性别	学历	职称	工资
3	C001	28	男	硕士	讲师	4000
4	C002	26	女	硕士	讲师	3500
5	C003	35	女	本科	教授	4500
6	C004	32	男	硕士	讲师	3500
7	C005	33	男	本科	讲师	3500
8	C006	23	男	本科	助教	2500
9	C007	26	男	本科	讲师	3500
10	C008	31	男	博士	讲师	4500
11	C009	37	女	本科	教授	5500
12	C010	25	男	硕士	讲师	3500

图 2-74 "练习 4. xlsx"中的工作表 Sheet1

（9）利用自动筛选工具筛选出"工资"大于 4 500 元的人员。

（10）利用高级筛选工具筛选出"职称"是教授或"学历"是博士的人员。

（11）按性别分类汇总平均工资和平均年龄。

【综合实验】

（1）新建一个 Excel 工作簿文件，以"年级—班级—姓名"格式命名。

（2）将该工作簿中的工作表 Sheet1 重命名为"唱歌比赛成绩单1"，并在该表中输入基本数据信息，如图 2-75 所示。

	A	B	C	D	E	F	G	H	I	J	K
1	唱歌比赛打分情况										
2	序号	班级	年级	评委1打分	评委2打分	评委3打分	评委4打分	评委5打分	评委6打分	最终成绩	排名
3	01	1班	一年级	92	95	93	90	92	94		
4	02	2班	一年级	91	93	91	92	94	92		
5	03	3班	一年级	93	92	94	91	92	93		
6	04	4班	二年级	93	93	95	96	93	94		
7	05	5班	二年级	92	92	91	93	87	92		
8	06	6班	二年级	89	93	92	87	93	92		
9	07	7班	三年级	93	91	94	92	92	95		
10	08	8班	三年级	93	94	92	92	92	92		
11	09	9班	三年级	93	95	93	94	90	92		
12	10	10班	四年级	88	90	91	93	87	90		
13	11	11班	四年级	90	90	92	90	91	89		
14	12	12班	四年级	93	92	94	94	92	93		

图 2-75　综合实践任务—工作表"唱歌比赛成绩单 1"原始数据

要求：12 个班级信息与唱歌成绩数据自拟，序号列数据格式为文本类型，至少有 2 个年级，"评委 * 打分"在单元格中按两行处理，各评委打分成绩为 50～100 分。

（3）格式要求如下：①单元格区域 A1:K1 合并居中；②全部数据水平居中、垂直居中；③表头为"宋体"、18 号、加粗，单元格区域 A2:K14 为"华文新魏"、12 号；④第一行行高 28，其他数据行高和列宽自动调整；⑤为单元格区域 A2:K2 添加底纹"白色，背景 1，深色 15%"，设置单元格区域 A2:K14 外框线为粗实线、深蓝，内框线为单实线、蓝色，再设置单元格区域 A2:K2 外框线为粗实线、深蓝；⑥将各评委打分小于 90 分的单元格字体设置为红色加粗显示。

（4）利用公式和函数，按照去掉最高分和最低分的方式，计算各班最终成绩（保留 1 位小数）。

（5）利用 RANK 函数，计算各班级排名，效果如图 2-76 所示。提示：区域的引用为绝对引用。

	A	B	C	D	E	F	G	H	I	J	K
1	唱歌比赛打分情况										
2	序号	班级	年级	评委1打分	评委2打分	评委3打分	评委4打分	评委5打分	评委6打分	最终成绩	排名
3	01	1班	一年级	92	95	93	90	92	94	371.0	4
4	02	2班	一年级	91	93	91	92	94	92	368.0	8
5	03	3班	一年级	93	92	94	91	92	93	370.0	7
6	04	4班	二年级	93	93	95	96	93	94	375.0	1
7	05	5班	二年级	92	92	91	93	87	92	367.0	9
8	06	6班	二年级	89	93	92	87	93	92	366.0	10
9	07	7班	三年级	93	91	94	92	92	95	371.0	4
10	08	8班	三年级	93	94	92	92	92	92	371.0	4
11	09	9班	三年级	93	95	93	94	90	92	372.0	2
12	10	10班	四年级	88	90	91	93	87	90	359.0	12
13	11	11班	四年级	90	90	92	90	91	89	361.0	11
14	12	12班	四年级	93	92	94	94	92	93	372.0	2

图 2-76　综合实践任务—工作表"唱歌比赛成绩单 1"

（6）进行合理的页面设置，要求在一张 A4 纸上完整显示数据表，同时数据表水平居中。

（7）复制工作表"唱歌比赛成绩单 1"四次，分别重命名为"唱歌比赛成绩单 2""唱歌比赛成绩单 3""唱歌比赛成绩单 4""唱歌比赛成绩单 5"，删除工作表 Sheet2、Sheet3。

（8）在工作表"唱歌比赛成绩单 2"中，按排名进行升序排序。

（9）在工作表"唱歌比赛成绩单 3"中，筛选出最终成绩在 370 分以上（包含 370 分）并且评委 6 打分在 94 分（包含 94 分）以上的班级，保留原始数据并将筛选后的结果放置在其他空白位置，同时保留高级筛选公式。

（10）在工作表"唱歌比赛成绩单 4"中，按"年级"字段进行分类，汇总各年级"最终成绩"的平均值。

（11）在工作表"唱歌比赛成绩单 5"中，创建一个图表。选择一种合适的柱形图表比较各班级的最终成绩，不允许出现其他无关数据，图表中要包含图表标题、图例等基本元素，图表 x 轴是班级，y 轴是最终成绩。

第 3 章 Python程序设计

优美胜于丑陋,明了胜于隐晦,简洁胜于复杂,复杂胜于混乱,扁平胜于嵌套,宽松胜于紧凑,可读性很重要,即便是特例,也不可违背这些原则。虽然现实往往不那么完美,但是不应该放过任何异常,除非你确定需要如此。如果存在多种可能,不要猜测,肯定有一种,通常也是唯一一种最佳的解决方案。虽然这并不容易,因为你不是 Python 之父。动手比不动手要好,但不假思索就动手还不如不做。如果你的方案很难懂,那肯定不是一个好方案,如果你的方案很好懂,那可能是一个好方案,命名空间非常有用,我们应当多加利用。

——Python 之禅

【写在前面的话】

Python 语言是一种解释型、面向对象的计算机程序设计语言,广泛用于计算机程序设计教学、系统管理编程脚本、科学计算等,特别适用于快捷的应用程序开发,具有丰富的第三方库/模块,涉及众多领域,如科学计算、图形图像处理、自然语言、机器学习、大数据分析等。Python 编程语言广受开发者的喜爱,并被列入 LAMP(Linux、Apache、MySQL、Python/Perl/PHP),已经成为最受欢迎的程序设计语言之一。

通过本章实验,学生应进一步熟悉 Python 编程环境,掌握 print()、input()、eval()等函数输入输出数据的方法;运用 if 语句、循环语句、函数、列表、元组和字典等结构编写程序;借助自顶向下、逐步求精、分而治之等策略,运用计算机问题求解的一般步骤,分析问题、构建数学模型、编程解决问题,如极值、公式计算、排序、查找等。

【教与学的建议】

教的建议:建议采用讲授式、研讨式、引导式等多种教学方法完成本章教学。结合 Python 输入输出函数、if 语句、循环语句、列表、函数等知识,介绍 Python 环境及 Python 编程基本语句结构的使用,引导学生编程解决简单的实际问题;结合问题求解基本步骤、典型算法(排序、查找、递归、穷举、迭代、递推),引导学生编程解决较复杂的实际问题。

学的建议:学习编程是一个实践的过程,而不仅仅是看书、看资料,亲自动手编写、调试程序才是至关重要的。课前完成开发环境的安装,开发工具的使用和程序错误的查找在实践操作中逐渐熟能生巧。课上先阅读"知识梳理",进行知识回顾,接下来明确"实验目标",理解题目、给出算法、完成编程。"实战练习"部分是更为贴近生活的案例,建议以小组研讨形式共同完成。"能力拓展"部分将延伸一部分课堂之外的知识点,有助于学生更全面地了解 Python。

3.1 实验1：Python 基础1

【实验目标】

(1) 熟悉 Python 编程环境：IDLE 的使用及 Python 程序的调试。

(2) 熟练运用 Python 运算符描述常用的运算。

(3) 熟练运用 Python 特殊的缩进，正确组织 Python 程序。

(4) 使用 input()、eval()、print() 等函数正确输入输出数据。

(5) 熟练运用 if 语句解决实际问题。

【知识梳理】

1. 编程环境

Python 是一门跨平台的脚本语言，它可以运行在 Windows、Mac 和各种 Linux/UNIX 系统上。本书以 3.6.1 版本为基础，安装 Python 后会得到 Python 解释器、一个命令行交互环境、一个简单的 Python 内置集成开发工具 IDLE。

(1) 交互式。安装 Python 后，可选择"开始"→"所有程序"→Python 3.6→IDLE 来启动 IDLE，IDLE 启动后的初始窗口如图 3-1 所示。这是 Python 3.6.1 Shell 界面，通过它可以在 IDLE 内部使用交互式编程模式来执行 Python 命令。直接在 IDLE 提示符>>>后面输入相应的命令并按 Enter 键执行即可，如果执行正确，马上就可以看到执行结果，否则会抛出异常。

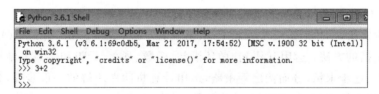

图 3-1　IDLE 启动后的初始窗口

(2) 脚本式。除此之外，可在 IDLE 界面中选择 File→New File 菜单项启动编辑器，如图 3-2 所示，创建一个程序(或者脚本)文件，输入代码并保存为文件(扩展名为".py")。

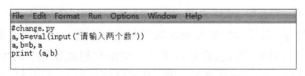

图 3-2　IDLE 编辑器窗口

2. 代码规范

(1) 缩进。Python 程序是依靠代码块的缩进来体现代码之间的逻辑关系的，缩进结束就表示一个代码块结束了。类定义、函数定义、选择结构、循环结构，用行尾的冒号表示缩进的开始。同一级别的代码块的缩进量必须相同。例如：

```
for i in range(10):          #循环输出 0 到 9 数字
    print(i,end='''')        #end=''''的作用是不换行
    print(++i)
```

小贴士

一般而言,以 4 个空格为基本缩进单位,而不要使用制表符 Tab。

(2)注释。一个好的、可读性强的程序一般包含 20%以上的注释。常用的注释方式主要有以下两种。

方法 1:单行注释。以♯开始,表示本行♯之后的内容为注释。

```
#循环输出 0 到 9 数字
for i in range(10):
    print(i,end='')
```

方法 2:多行注释。包含在一对三个单引号'''...'''或一对三个双引号"""..."""之间且不属于任何语句的内容,将被解释器认为是注释。

```
'''循环输出 0 到 9 数字,
可以多行文字。'''
for i in range(10):
    print(i,end='')
```

(3)多行语句处理。如果一行语句太长,可以使用括号来包含多行内容。例如:

```
if(width==0 and height==0 and
    color=='red' and emp=="strong"):    #圆括号中的行会连接起来
    y="yes"
else:
    y="no"
```

3. 常见语法错误

Python 编程常见语法错误信息汇总如表 3-1 所示。

表 3-1　Python 编程常见语法错误信息汇总

序号	错误信息	含义	解决思路
1	invalid character in identifier	无效字符	检查错误处的字符是否合法,特别要注意检查是否将英文字符写成了中文字符
2	包含 indent、unindent 等词	缩进问题	检查同一级语句的缩进是否完全一样
3	unexpected EOF while parsing	程序未正常结束	检查程序(特别是最后一行)是否正常结束,如是否少了右括号或多了左括号、if/for 等语句后是否有处理语句等
4	invalid syntax	无效语法	检查错误行,如 if 等语句后是否少了冒号等,若错误行没有发现问题,还应检查上一行,如上一行是否少了右括号等
5	name x is not defined	x 未定义	使用了之前未定义的变量、函数等对象,如未给变量 x 赋值就直接打印

4. 常用数据类型

Python 常用数据类型汇总如表 3-2 所示。

表 3-2　Python 常用数据类型汇总

数据类型	举例
标量类型	int、float、bool、None
序列类型	str(字符串)

5. 常用运算符

Python 常用运算符汇总如表 3-3 所示。

表 3-3　Python 常用运算符汇总

运算符	举例
算术运算符	**(乘方)、*(乘)、/(除)、%(求余)、//(整除)、+、-
关系运算符	>、>=、<、<=、!=(不等于)、==(恒等于)
布尔运算符	and(与)、or(或)、not(非)

6. 常用函数

Python 常用函数汇总如表 3-4 所示。

表 3-4　Python 常用函数汇总

常用函数	格式、示例及功能
input()函数	格式：<变量>=input(<提示性文字>) 示例：n=input("请输入数据 n：") ♯提示用户输入数据 功能：获得用户输入数据,以字符串形式保存在<变量>中
print()函数	功能 1：输出数值、字符串等各种类型的常量、变量及表达式 示例：print("list:",list) ♯输出列表内容 功能 2：格式化输出,格式为"%格式字符",格式字符包括 d(或 i,整数)、f(浮点数)、s(字符串)等。若"%m.n格式字符",则 m 表示占据列宽,n 表示小数位数 示例：print("a=%.2f"%a) ♯以浮点型输出 a 的值,并保留两位小数
eval()函数	格式：<变量>=eval(input(<提示性文字>)) 示例：m,n=eval(input("请输入数据 m 和 n：")) ♯提示用户输入数据并进行数据类型自动转换 功能：多数据输入,并实现数据类型的自动转换
类型转换函数,如 str()、float()、int()等	格式：<变量>=数据类型(常量,变量) 示例：n=str(123) ♯将整数 123 转换为字符串"123" 功能：将括号内数据转换为指定数据类型

7. 分支结构

Python 分支结构汇总如表 3-5 所示。

表 3-5　**Python 分支结构汇总**

分支结构	说　　明
单分支结构	if<条件>: 　　<表达式 1>

双分支结构	if<条件>:
	　　<表达式 1>
	else:
	　　<表达式 2>

多分支结构	if<条件 1>:
	　　<表达式 1>
	elif<条件 2>:
	　　<表达式 2>
	　　⋮
	elif<条件 n−1>:
	　　<表达式 n−1>
	else:
	　　<表达式 n>

3.1.1　算术表达式与输入/输出函数的使用

【实验内容】

飞机起飞推力计算：假设某型战机从静止状态开始匀加速起飞。起飞重量 $m=$ 9 700kg，起飞滑跑距离 $s=380$m，飞机离地速度 $v=280$km/h，请问为完成起飞，飞机发动机需要提供多大的推力 F？要求起飞重量 m、起飞滑跑距离 s 及飞机离地速度 v 均由键盘输入。

小贴士

推力 $F=\dfrac{mv^2}{2s}$，这里 v 的单位是 m/s。

【实验指导】

1. 问题分析

本实验的目的在于巩固算术运算符的使用，关键在于完成公式的 Python 表达形式。

2. 设计步骤

(1) 输入数据。利用 input()函数输入起飞重量 m、起飞滑跑距离 s 及飞机离地速度 v，并进行整数或浮点数的类型转换。

小贴士

input()函数输入的数据默认是字符串类型，若要转换为其他类型，需借助相应转换函数，如 int()函数可进行整数的转换，float()函数可进行浮点数的转换，eval()函数可以实现多个数据的接收和自动类型转换。

（2）表示公式。根据推力公式，f＝m＊v1＊＊2/(2＊s)或 f＝m＊v1＊v1/(2＊s)。（v1 代表 v 换算后的变量）

📖小贴士

v1＊＊n 是 v1 的 n 次幂的表示方法。

（3）输出数据。利用 print()函数输出 f 的值，并保留两位小数。

3. 程序清单

程序如下：

```
#飞机起飞问题
m=eval(input("m="))
s=eval(input("s="))
v=eval(input("v="))                    #可改写为多重赋值 m,s,v=eval(input())
v1=v*1000/3600
f=m*v1**2/(2*s)                        #或 f=m*v1*v1/(2*s)
print("f=%.2f"%f)
```

程序运行结果如下：

```
m=9700
s=380
v=280
f=77209.23
```

3.1.2 字符串及双分支 if 语句的使用

【实验内容】

信用卡的合法性判断：银行系统中有严格的审核过程，请编写 Python 程序，判断用户输入的 8 位信用卡号码（8 位卡号必须一次性输入）是否合法。规则如下。

（1）如卡号为 43589795，从最右边数字开始，隔一位取一个数相加，如 5＋7＋8＋3＝23。

（2）其余每个数字乘 2，将相乘的结果的各位数字相加。如，其余数字为 4、5、9、9，分别乘 2 后为 8、10、18、18，将每个数的各位相加，结果为 8＋1＋0＋1＋8＋1＋8＝27。

（3）将上述两步得到的值相加，如果结果个位为 0，输入的卡号才有效。

【实验指导】

1. 问题分析

本实验的关键在于如何将信用卡各位的号码取出去进行后续的运算处理。显然，需要利用字符串的"索引"特性取出 8 位数的各位，因此在利用 input()函数输入数据时，无须利用 int()或 eval()函数进行类型转换。

2. 设计步骤

(1) 输入信用卡号码。利用 input()函数输入 8 位信用卡号。

(2) 取出信用卡各位进行相关运算。假设该信用卡号存储在变量 n 中,首先完成第(1)步,取出偶数位上的字符(从左边起依次为'3','8','7','5'),即 n[1]、n[3]、n[5]、n[7],由于字符串类型无法进行算术运算,所以要利用 int()函数进行整数类型转换后再进行相加运算,即 s1=int(n[1])+int(n[3])+int(n[5])+int(n[7])。接下来完成第(2)步,s2=int(n[0]) * 2//10+int(n[0]) * 2%10+int(n[2]) * 2//10+int(n[2]) * 2%10+int(n[4]) * 2//10+int(n[4]) * 2%10+int(n[6]) * 2//10+int(n[6]) * 2%10。

💡小贴士

字符串是一个字符序列,字符串中的编号叫作"索引",引用格式为<string>[<索引>],字符串最左端位置标记为 0,依次增加。例如:

```
>>>g= "hello"
>>>print(g[1])
e
```

学习循环结构之后,可以利用循环语句完成本实验的加法运算。

(3) 进行判断,输出结论。设第(3)步中的累加和为 s1+s2,利用 if 条件语句进行判断,判断条件设定为(s1+s2)%10==0。如果满足条件,则结论为"有效",否则为"无效"。

3. 程序清单

程序如下:

```
#信用卡问题
n=input("请输入一个 8 位信用卡号码")
s1=int(n[1])+int(n[3])+int( n[5])+int(n[7])        #利用字符串索引取出各位
s2=(int(n[0]) * 2//10+int(n[0]) * 2%10+int(n[2]) * 2//10+int(n[2]) * 2%10+int(n[4]) *
2//10+int(n[4]) * 2%10+int(n[6]) * 2//10+ int( n[6]) * 2%10)
if ((s1+s2) %10==0):
    print("有效")
else:
    print("无效")
```

程序运行结果如下:

```
请输入一个八位信用卡号码 43589795
有效
```

3.1.3 多分支 if 语句的使用

【实验内容】

分段函数计算:用 if 语句编程计算下面分段函数的值,要求用户从键盘输入 x 值,编程计算并输出 y 的值。

$$y = \begin{cases} 2x+1 & x \leqslant 1 \\ x/2 & 1 < x < 3 \\ 0 & x \geqslant 3 \end{cases}$$

【实验指导】

1. 问题分析

本实验有三个条件,因此建议使用多分支结构。此外,需要注意的是如何设置各个分支的条件。

2. 设计步骤

(1) 输入 x 的值。利用 input() 函数输入 x 的值,并利用 int() 函数将其转换为整型。

(2) 编写多分支 if 语句。这一步需要注意三个问题:一是多分支 if 语句中语法结构的使用;二是条件的设置,涉及区间条件设置时常常用到 and 逻辑运算符,如 x>1 and x<3;三是算术表达式的书写格式,如 y=2*x+1。

小贴士

此处也可采用 if 语句的嵌套结构,代码如下:

```
if x<=1:
    y=2*x+1
else:
    if x>1 and x<3:
        y=x/2
    else:
        y=0
```

(3) 输出 y 的值。利用 print() 函数输出 y 的值。

3. 程序清单

程序如下:

```
#分段函数
x=int(input("请输入 x 的值:"))
if x<=1:
    y=2*x+1
elif x>1 and x<3:              #区间也可表示为 1<x<3
    y=x/2
else:
    y=0
print("y 的值为:",y)
```

程序运行结果如下:

```
请输入 x 的值:2
y 的值为:1.0
```

【实战练习】

（1）输入两个数，完成二者值的互换，并输出结果。

（2）恺撒加密是一种比较简单的替换加密技术，加密方法是将明文中的所有字母都用字母表上向后（或向前）偏移一个固定数目所对应的字母进行替换，形成密文。现在恺撒加密常作为其他复杂加密方法中的一个步骤。编写程序，用input()函数读入两个小写字母即明文（不包括'z'），并赋给c1和c2。完成恺撒加密，将其转换为其后一字母对应的大写字母，并用print()函数输出密文。

小贴士

使用ord()函数将字符转换为对应的ASCII码，chr()函数将ASCII码转换为其对应的字符。

（3）在生活中，人们习惯用时分秒计时，如2019年肯尼亚选手以"1小时59分40秒"跑完马拉松全程，成为一时热点。但有些时候，我们会得到一些只以秒表示的时间，如"7180秒"，这时我们希望将其转换成时分秒形式，如将"7180"转换成"1小时59分40秒"。请输入秒数，将其转换成"时分秒"的形式。

（4）输入一个整数n，判断其能否同时被5和7整除，如果能，则输出"××能同时被5和7整除"，否则输出"××不能同时被5和7整除"。要求"××"为输入的具体数据。

（5）"大衍之数"是《易经》中的一个重要概念，原文记载为"大衍之数五十，其用四十有九"。关于"大衍之数"具体作何解释，历来存在较大争论。而大衍数列正来源于《乾坤谱》中对"大衍之数"的推论，可用于解释太极衍生原理，是中华传统文化中隐藏着的世界数学史上第一道数列题。大衍数列前10项为0,2,4,8,12,18,24,32,40,50，其通项公式如下。请计算大衍数列的第n项。（n由用户输入，计算结果为整数）

$$a_n = \begin{cases} (n^2-1)/2 & n \text{ 为奇数} \\ n^2/2 & n \text{ 为偶数} \end{cases}$$

（6）已知某课程的百分制分数mark，将其转换为5级制（优、良、中、及格、不及格）的评定等级grade。评定条件如下。

$$成绩等级 = \begin{cases} 优 & mark \geq 90 \\ 良 & 80 \leq mark < 90 \\ 中 & 70 \leq mark < 80 \\ 及格 & 60 \leq mark < 70 \\ 不及格 & mark < 60 \end{cases}$$

【能力拓展】

（1）输入年（year）、月（month）、日（day），计算是该年第几天？

小贴士

闰年判断条件满足其一即可：①能被4整除但不能被100整除；②能被400整除。

（2）输入三角形三边，先判断是否可以构成三角形，如果可以，则进一步求三角形面积，否则提示"无法构成三角形!"。

✍小贴士

注意三角形判断条件:两边之和大于第三边。三角形面积＝sqrt($h*(h-a)*(h-b)*(h-c)$),其中,h为三角形周长的一半,sqrt()为开平方函数。

(3) 一元二次方程是中学数学的重要内容。早在公元前 2000 年左右,古巴比伦人就能解一些特定的一元二次方程,中国、古希腊、古印度、阿拉伯等国家在这方面也都有所研究。16 世纪,法国数学家韦达将一元二次方程的根推广到复数范围,并给出了根与系数的关系,使该问题得到彻底解决。请编写程序,输入 a、b、c,求 $ax^2+bx+c=0(a\neq0)$ 的根,并输出结果。

(4) 1796 年,导师给正在读大二的高斯布置了三道题目。他很快做完了前两道,而第三道题很难,曾困扰了数学界 2000 多年,这也激发了他的斗志,经过努力,高斯最终一个晚上解决出来,这道题就是著名的正十七边形尺规作图问题。尺规作图是指利用一把无刻度的直尺和一个圆规进行各种几何作图,比如作角的平分线、线段的垂直平分线、二倍角等。而高斯的第三道题目就是要用尺规作图的方法绘制正十七边形。在高斯的证明过程中,最关键的部分就是下面这个等式,这个等式也蕴含了正十七边形的作图过程。请编写程序证明下面这个等式,即左右两边之差是否为 0。

$$\cos\frac{2\pi}{17}=\frac{1}{16}\times\left[-1+\sqrt{17}+\sqrt{2\times(17-\sqrt{17})}\right.$$
$$\left.+2\sqrt{17+3\sqrt{17}-\sqrt{2\times(17-\sqrt{17})}-2\sqrt{2\times(17+\sqrt{17})}}\right]$$

✍小贴士

可借助 math 库中的 math.cos()和 math.pi 计算结果。

3.2 实验 2:Python 基础 2

【实验目标】

(1) 熟练运用循环语句编写程序,解决实际问题。

(2) 熟悉列表、元组和字典三类复合数据类型的基本操作,并能选择合适的数据结构解决问题。

(3) 熟悉定义、调用函数,能够利用函数编写简单程序。

【知识梳理】

1. 循环结构

Python 循环结构汇总如表 3-6 所示。

表 3-6　Python 循环结构汇总

循环结构	循环格式	备注
while 循环格式	while<条件>: 　　循环体 说明：while 语句中循环控制变量的修改必须通过编写特定代码实现	三个关键点：初值的设定/循环条件的设置/变量的更新
for 循环一般格式	for i in <可遍历表达式>: 　　循环体 说明：遍历表达式通常是字符串、列表、元组等对象	
for 循环 range( ) 函数格式	for i in range(<初值>,<终值>,<步长>): 　　循环体 说明：range()函数用于生成整数数字序列,常常用来控制循环次数	

2. 复合数据类型

复合数据是指能够同时表达多个数据且各数据可以具有不同数据类型的一种数据结构,如列表、元组、字典,如表 3-7 所示。

表 3-7　Python 复合数据类型汇总

数据类别	表示方法	索引方法	是否有序	可否修改
列表	[,]	按位置索引 list1[位置序号]	有序	可以
元组	(,)	按位置索引 tuple1[位置序号]	有序	不可以
字典	{键 1:值 1,键 2:值 2}	按键索引 dict1[键]	无序	可以

(1) 列表操作。Python 列表操作汇总如表 3-8 所示。

表 3-8　Python 列表操作汇总

操作	说明
t=[2,4,6,7,3,1]	#创建列表 t
t. append(8)	#默认在 t 最后追加一个元素
t. insert(3,15)	#在指定位置插入一个元素
t. extend([10,20,30])	#在列表的末尾添加所给列表的所有元素
t. remove(2)	#删除指定位置元素
a=t. pop(len(t)−1)	#移除指定索引位置的元素,并返回它的值
k=t. copy()	#复制列表
print(max(t))	#输出列表最大元素
print(min(t))	#输出列表最小元素
t. sort()	#默认升序排序
t. reverse()	#把列表顺序颠倒
t. index()	#返回元素的索引值

（2）元组操作。Python 元组操作汇总如表 3-9 所示。

表 3-9　Python 元组操作汇总

操　　作	说　　明
t=(23,56,11,88)	#创建元组 t
print(len(t))	#返回 t 中的元素个数
print(max(t))	#返回 t 中的最大元素
print(min(t))	#返回 t 中的最小元素
print(11 in t)	#如果元素 11 在 t 中,则返回 True,否则返回 False

（3）字典操作。Python 字典操作汇总如表 3-10 所示。

表 3-10　Python 字典操作汇总

操　　作	说　　明
m={'Jan':1,'Feb':2,'Mar':3,'Apr':4}	#建立字典 m
print(len(m))	#返回 m 中的元素个数
print(m.keys())	#返回一个列表,包含 m 的所有关键字
print(m.values())	#返回一个列表,包含 m 的所有值
print('Jan' in m)	#如果关键字'Jan'在 m 中,返回 True
print(m['Feb'])	#返回 m 中与关键字'Feb'关联的值
del m['Mar']	#删除'Mar'对应的键值对
print(m)	#输出整个字典的键值对

3. 函数

Python 函数操作如表 3-11 所示。

表 3-11　Python 函数操作

库函数的调用	自定义函数的定义及调用

库函数是系统库提供的内部函数,用户可以直接拿来使用,如果想使用某个函数,需要将其所在库进行导入,方法如下。
方法 1:
 	
import <库名>
 	
例如:
 	
import turtle
turtle.fd(100)　#调用 turtle 中的函数 fd
方法 2:
 	
from <库名> import *
 	
例如:
 	
from turtle import *
fd(100)　#不需要前缀
	自定义函数可以根据用户需求,将要实现的功能模块化。
	定义:
	
	def <函数名>(<参数>):
	　　<函数体>
	　　return
	
	例如:
	
	def fac(n):
	　　k=1
	　　for i in range(1,n+1):
	　　　　k=k*i
	　　return k
	
	强调:函数的定义必须放在主程序前面。
	调用:
	
	函数名(<参数>)
	
	例如:
	
	s=fac(m)

3.2.1　循环控制结构的使用

【实验内容】

编写程序,求 100 以内奇数和,即 1+3+5+7+9+11+…+99 的结果。

【实验指导】

1. 问题分析

本实验的运算规律比较明显,变量以等差数列从 1 变化到 99,因此三个关键问题就迎刃而解了。一是循环变量初值的确定(初值确定为 1);二是循环条件的设置(终值确定为 100);三是循环变量的更新(步长每次变化 2 个单位)。

2. 设计步骤

(1) 求表达式的值。利用 for 循环来完成,其中 range()函数中初值设为 1,终值设为 100(循环变量最大 99,因此终值要设为 100,因为循环变量取不到终值),步长为 2,循环体为 s=s+i,s 代表每次的累加和。注意:s 的初值要设为 0。

📝小贴士

若利用 while 循环完成,则循环变量初值设为 i=1;循环条件设为 i<100;循环体为两条语句,一是循环累加语句 s=s+i,二是循环变量更新语句 i+=2。

```
s=0
i=1
while(i<100):
    s=s+i
    i+=2
print(s)
```

(2) 输出结果。利用 print()函数输出累加结果。

3. 程序清单

程序如下:

```
#100 以内奇数和
s=0
for i in range(1,100,2):
    s=s+i
print(s)
```

程序运行结果如下:

```
2500
>>>
```

3.2.2　列表的使用

【实验内容】

PPT 设计竞赛评比打分计算：学校组织 PPT 设计竞赛，为评选优胜团队，请设计一个评分程序，要求如下：从键盘输入 10 个评委的分数，保存在列表中，将成绩由高到低排序输出，并输出最高分、最低分和平均分（去掉一个最高分、一个最低分后再求平均分）。

【实验指导】

1. 问题分析

本实验有两种方法。

方法 1：利用库函数完成，即 max()、min() 等，实现起来较为简单。

方法 2：利用自定义函数完成，最大值、最小值需要编写程序完成，实现起来较为麻烦。为了熟悉列表的使用，建议采用方法 1。下面按照方法 1 的思路进行程序设计。

2. 设计步骤

（1）输入评委分数。将 10 个分数存储在列表中，可以采用两种方法存储数据。方法 1：直接给出列表的值，即列表名称＝[值 1，值 2，值 3...]。方法 2：通过循环，多次利用 input() 函数输入数据并向列表中追加该值，追加方法为"列表名称.append(数据值)"，将会在列表的末尾追加该数据。

（2）求评委分数累加和。利用 for 循环实现分数的累加，由于要取列表中的每个值，所以采用"for i in 列表名称"的方法遍历到每个数据进行累加。

小贴士

"for i in 列表名称"，i 可以取到列表中的每一个元素。

（3）求最高分和最低分。

方法 1：利用"max(列表名称)"和"min(列表名称)"求出最大值和最小值。

方法 2：利用"列表名称[0]"和"列表名称[-1]"求出最小值和最大值（升序情况下）。

小贴士

将列表按升序排序，方法为"列表名称.sort()"；若按降序排序，反转即可，方法为"列表名称.reverse()"。

（4）求平均值。按照比赛规则将累加和减去最高分和最低分，再除以 8 即可得到最后的平均分，并利用 print() 函数输出。

3. 程序清单

程序如下：

```
#PPT 设计竞赛评比打分程序
list=[]
for i in range(10):
```

```
        m=eval(input("请输入成绩"))
        list.append(m)
#list=[1,2,3,4,5,6,7,8,9,10],列表元素值直接给出
print("list:",list)
s=0
for i in list:
        s=s+i
m=max(list)                    #若列表升序,也可替换为 m=list[-1]
n=min(list)                    #若列表升序,也可替换为 n=list[0]
print("max:",m)
print("min:",n)
print("ave:",(s - m - n)/8)
```

程序运行结果如下:

```
请输入成绩 8
请输入成绩 8
请输入成绩 8
请输入成绩 8
请输入成绩 8
请输入成绩 8
请输入成绩 8
请输入成绩 8
请输入成绩 9
请输入成绩 4
list: [8, 8, 8, 8, 8, 8, 8, 8, 9, 4]
max: 9
min: 4
ave: 8.0
```

3.2.3　字典的使用

【实验内容】

字母知多少:编写程序,用于统计字符串中每个字母出现的次数(字母忽略大小写,比如 a 和 A 看作一个字母)。请按照字典{'a':3,'b':2,...}格式输出(提示:可以使用大小写转换函数、列表和字典的常用操作函数)。例如:

输入:

```
ahihiSaSs
```

输出:

```
{'a':2, 'h':2, 'i':2, 's':3}
```

【实验指导】

1. 问题分析

本实验的关键在于两点:一是将所有字符统一转化为小写或大写,这里借助函数就可

以解决；二是统计字符出现次数并存储在字典中，这里可以借助函数或循环累加解决。

2. 设计步骤

（1）输入字符串。通过 input() 函数输入一串字符，字母大小写皆可。

（2）将字母统一化，即都转换为小写字母或大写字母。利用 lower() 函数转换为小写字母，或者利用 upper() 函数转换为大写字母。

（3）统计字母出现次数。

方法 1：利用 count() 函数进行统计并存入字典中。

小贴士

Python 中 count() 方法用于统计字符串中某个字符或子串出现的次数。单个字符统计语法格式为 str.count(字符常量或变量)；子串统计语法格式为 str.count(sub,start=0,end=len(string))，其中 sub 表示搜索的子串，start 表示开始搜索的位置，end 表示结束搜索的位置。

方法 2：利用循环累加进行统计并存入字典中。

（4）输出结果。利用 print() 函数输出字典。

3. 程序清单

程序如下：

```
#方法 1
n=input("请输入字符串")
n=n.lower()
d={}
for i in n:
        d[i]=n.count(i)
print(d)
#方法 2
n=input("请输入字符串")
n=n.lower()
d={}
for i in n:
        d[i]=0
for i in n:
        d[i]=d[i]+1
print(d)
```

程序运行结果如下：

```
请输入字符串 adflldfa
{'a': 2, 'd': 2, 'f': 2, 'l': 2}
```

3.2.4 函数的使用

【实验内容】

合唱团的排列组合：为丰富学生的课余生活，学校举办了合唱节比赛，假设某班有

m 名学生,要选取 n 名学生参加比赛,有多少种选法? 要求编写阶乘函数,通过函数调用实现组合数的计算。计算公式如下:

$$\mathrm{C}_m^n = \frac{m!}{(m-n)! \times n!}$$

【实验指导】

1. 问题分析

组合数是概率统计中的一个重要概念。组合数 C_m^n 的概率意义是从 m 个事物中任意选取 n 事物的选法。例如,从标号为 1~5 的小球中任意选取 2 个,则其不同选法的种类即为一个组合数 C_5^2。由于 C_m^n 的计算表达式中涉及了三次求阶乘问题,所以本题更适合使用函数来完成。

2. 设计步骤

(1) 定义函数。本实验的关键是函数的定义,主要从以下几个方面着手:一是函数的形参确定为一个整数,即主程序调用时传递过来的 n,Python 语句为 def fac(n):;二是函数体 n! 的编写,求 n! 的过程就是从 1 开始,一直到 n(包括 n)的连续自然数的乘积,利用 for 循环或 while 循环皆可,这里利用 for 循环来完成,其中 range() 函数中初值设为 1,终值设为 n+1,步长为 1,循环体为 k=k*i,k 代表每次的累乘积,k 的初值要设为 1;三是阶乘结果通过"return 返回值"返回到主程序中,Python 语句为 return k。

小贴士

函数使用关键字 def 声明,函数名为有效的标识符,形参列表为函数的参数,函数体需要采用缩进书写规则。

定义函数需放在主函数之前完成。

(2) 输入数据。利用 input() 函数和 eval() 函数实现两个整数的输入。

(3) 两数交换。假设两个整数分别赋给变量 m(代表元素的总个数)和 n(代表参与选择的元素个数),根据组合数的规则,需要 m 中存储较大值,n 中存储较小值,如果 m<n,则会涉及两个整数值交换的问题。Python 中两数交换的语句为 m,n=n,m。

(4) 调用函数,输出结果。根据公式,需要三次调用阶乘函数,每次的区别在于实参不同,分别为 m、n、m−n,通过将各次函数调用返回值,按照组合数运算规则进行计算,最后利用 print() 函数输出。

3. 程序清单

程序如下:

```
#函数调用实现组合数的计算
def fac(n):                                #函数的定义
    k=1
    for i in range(1,n+1):
        k=k*i
    return k
m,n=eval(input("请输入 m 和 n 的值:"))
if m<n:                                    #两数交换
    m,n=n,m
```

```
s=fac(m)/fac(n)/fac(m-n)                          #函数的调用
print("选择结果为",s)
```

程序运行结果如下：

```
请输入 m 和 n 的值：5,4
选择结果为 5.0
```

【实战练习】

(1) 使用循环语句，求 $1!+2!+\cdots+n!$ 的结果，n 为用户输入。（若输入 5，结果为 153）

(2) 设计一个算法，输入一个不多于 5 位的正整数，要求：①求出它是几位数；②分别打印出每一位数字；③按逆序打印出各位数字。

(3) 一个小于 10 000 的整数，它加上 100 后是一个完全平方数，并且加上 268 也是一个完全平方数，请问该数是多少？（结果为 21、261、1 581）

小贴士

若一个数能表示成某个整数的平方的形式，则称这个数为完全平方数。

(4) 某超市促销，举办空酒瓶和酒瓶盖换酒活动，规定 2 个空瓶或 4 个瓶盖可换一瓶酒。若小明最开始买了 n 瓶酒，则他总共能喝到多少瓶酒？（若输入 10，结果为 35）

(5) 建立一个列表，删除里面的重复元素。

(6) 将列表 $s=[9,7,8,3,2,1,5,6]$ 中的偶数变成它的平方，奇数保持不变。

(7) 编写程序，声明函数 getvalue(b,r,n)，根据本金 b、年利率 r 和年数 n，计算最终收益 $v=b(1+r)^n$。然后编写测试代码，提示输入本金、年利率和年数，显示最终收益。（保留两位小数，若输入 10 000,0.04,10，结果为 14 802.44）

(8) 编写一个判断完数的函数。完全数（又称完数）是指一个数恰好等于它的因子之和，如 $6=1+2+3$，6 就是完数。到 2018 年，人们共发现了 51 个完全数，如 6、28、496、8 128 等。

(9) 从键盘输入一个字符串，统计字符串中数字和英文字母各自出现的次数。要求：统计过程用函数实现，通过返回控制语句返回统计结果。

【能力拓展】

(1) 自幂数是 n 位数（非负数），且各位数字的 n 次方之和等于该数。例如，4 位数 1 634 是自幂数，因为 $1\,634=1^4+6^4+3^4+4^4$。位数 n 取不同值时，自幂数有不同的叫法。例如，一位自幂数叫独身数（不存在二位自幂数）、三位自幂数叫水仙花数（153、370、371、407）、四位自幂数叫四叶玫瑰数（1 634,8 208,9 474）、五位自幂数叫五角星数等。请编写程序，根据给定的正整数 n，求所有 n 位自幂数。

(2) 打印九九乘法表。（输出样式不限，可为上三角、下三角、矩形块等方式）

小贴士

本题需要采用双重循环，注意控制行、列的循环变量之间的关系。

print() 函数中 end='''' 的作用是不换行。

（3）要对期末考试进行成绩统计，要求输入某教学班若干学生成绩，如果输入 Q 或 q，则输入结束；如果输入成绩＜0，则重新输入。统计该教学班学生人数和平均成绩。

✎小贴士

continue 语句：仅结束本次循环，并返回到循环起始处，若循环条件满足则执行下一次循环。

break 语句：结束循环，跳转到循环的后继语句执行。

continue 和 break 语句用于 for、while 循环中，通常与 if 语句配合使用。

（4）请编写程序，输入字符串，将每个字符转换为 ASCII 码并以列表形式输出，运行效果如下：

```
输入 ABCED123
输出[65,66,67,68,69,49,50,51]
```

✎小贴士

使用 ord()函数将字符转换为对应的 ASCII 码，利用 append()函数将对象追加到列表的尾部。

3.3　实验 3：典型算法 1

【实验目标】

（1）借助自顶向下、逐步求精、分而治之等策略，运用计算机问题求解的一般步骤，分析问题、构建数学模型、编程解决问题，通过时间复杂度和空间复杂度两种评价标准判定算法优劣。

（2）用 Python 实现查找、排序、递归、极值等典型算法。

【知识梳理】

问题求解步骤、典型算法及算法评价指标如表 3-12 所示。

表 3-12　问题求解步骤、典型算法及算法评价指标

项　　目	说　　明
问题求解步骤	（1）理解问题：已知条件、输入和输出 （2）制订计划：准备如何解决问题 （3）执行计划：具体解决问题 （4）回头看：检查结果
查找算法	查找是在大量的信息中寻找一个特定的信息元素，在计算机应用中，查找是常用的基本运算。常用查找方法有顺序查找、二分查找（折半查找）、分块查找、哈希表查找等
排序算法	排序就是使一串记录按照其中的某个或某些关键字的大小递增或递减的排列起来的操作。常用排序方法有冒泡排序、选择排序、插入排序、快速排序、归并排序、希尔排序等

续表

项　目	说　明
递归算法	递归算法把复杂问题转化为相对简单的同型子问题,然后用递归调用函数来表示问题的解。一个过程直接或间接调用自己本身,这种过程叫递归过程。递归可以解决能表达为数学公式的数值问题,如求非负整数 N 的阶乘、求斐波那契数列的第 n 项、求两个整数的最大公约数等;递归也可以解决难以用数学公式表达的非数值问题,如著名的汉诺塔问题、八皇后问题等
时间复杂度	算法在执行过程所需要的基本运算次数
空间复杂度	算法从开始执行到处理结束所需的存储空间的总和

3.3.1　查找算法:二分查找

【实验内容】

查找成绩:一组学生的计算机成绩存储在列表中(假设成绩按升序记录),试找出指定学生的成绩。

【实验指导】

1. 问题分析

本实验可以采用顺序查找或者二分查找方法。

顺序查找思想:从列表中的第一个数据开始,逐个与给定值进行比较,若相等,则查找成功;若都不相等,则查找失败。注意,该列表中的数据无须有序。这里不做具体编程。

二分查找思想:前提条件,数列必须是有序的。假设这是一个升序列表,首先,将表的中间位置数据与指定数据比较,若相等,则查找成功;若不相等,则以中间数据为分界将表分成前后两部分,如果要查找的数据大于中间数据,则继续在后表查找,否则继续在前表查找。重复上述过程,直到找到满足条件的数据,如果没有找到,则查找失败。二分查找示例如图 3-3 所示。

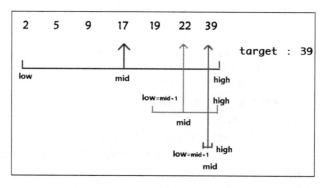

图 3-3　二分查找示例

2. 设计步骤

(1) 定义二分查找函数。首先通过 low 和 high 两个变量确定查找范围,变量值分别为首尾元素的下标。接下来,寻找循环的条件,这是解决本题的关键之一,由于 low 在不断地向列表后面走,而 high 在不断地向列表前面走,当二者"擦肩而过"时,就无须再进行寻找了,所以循环条件确定为 low≤=high。在循环体里,通过 mid＝(low＋high)//2 确定当前范围中间元素的下标位置,即中间数,从而将列表分为前后两部分。如果要查找的数大(小)于该中间数,则确定查找数在列表的后(前)半部分,从而重新确定范围,更新左(右)边界 low＝mid＋1(high＝mid－1);如果要查找的数恰好等于该中间数,则返回该中间数位置下标 mid;如果循环结束后还未找到该数,则返回－1,表示未找到该数。

(2) 输入数据。给列表赋值并输入要查找的数据。

(3) 调用函数,输出结果。通过 if 语句判断函数的返回值,确定是否找到指定数据,并利用 print()函数进行输出。

3. 程序清单

程序如下:

```
#bi -search
def bi_search(t,n):                    #二分查找函数的定义
    low=0
    high=len(t) -1
    while low<=high:
        mid=(low+high)//2
        if n>t[mid]:
            low=mid+1
        elif n<t[mid]:
            high=mid -1
        else:
            return mid
    return -1
t=[1,2,3,4,5,6]
n=eval(input("请输入要找的数"))
i=bi_search(t,n)                       #函数的调用
if i== -1:
    print("查无此数")
else:
    print("t[",i,"]=",n)
```

程序运行结果如下:

```
请输入要找的数 5                          #第 1 次执行
t[4]= 5
请输入要找的数 0                          #第 2 次执行
查无此数
```

3.3.2 排序算法：冒泡排序

【实验内容】

成绩排序：期末考试后，要将一组学生的计算机成绩录入到列表中，对成绩进行升序排序并输出。要求：利用冒泡排序完成编程。

【实验指导】

1. 问题分析

冒泡排序(升序)思想如下。

(1) 从首元素开始，依次比较相邻一对元素直到最后，若前者大于后者则进行交换。比较结果：该轮中最大数置于该轮最后。

(2) 重复以上步骤 $n-1$ 次。比较结果：所有数从小到大排序，如图 3-4 所示。

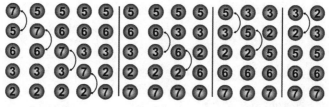

第1轮比较4次　　第2轮比较3次　第3轮比较2次　第4轮比较1次

图 3-4　冒泡排序示例

2. 设计步骤

(1) 输入数据。首先通过 input() 函数输入学生数量，接下来通过循环，多次利用 input() 函数输入数据并向列表中追加该值，完成数据的输入。

(2) 冒泡排序。冒泡排序涉及轮数和每一轮需要比较的次数。根据冒泡排序思想，n 个数需要进行 n-1 轮比较，所以确定外层循环为 n-1 次，即 for i in range(0,n-1)，或简写为 for i in range(n-1)。

第 1 轮中，所有的数据都参与两两比较，n 个数需要两两比较 n-1 次，比较的方法就是，如果是升序排序，那么如果前一个数大于后一个数，则两数进行交换，交换方法为 list[j],list[j+1]=list[j+1],list[j]，经过 n-1 次比较之后得到最大值，置于该轮最后；第 2 轮中，需要前面 n-1 个数据参与比较，按照第 1 轮的方法，n-1 个数需要 n-2 次两两比较，比较结果是次大数置于该轮最后，以此类推；最后一轮，只剩下两个数，只需比较一次即可。可以看到轮数与每轮比较次数之间的关系：轮数为 i，则每轮比较次数是 n-1-i，所以确定内层循环语句为 for j in range(0,n-1-i)。

排序中应注意内外循环变量的不同及其关系。

(3) 输出结果。利用 print() 函数输出列表即可。

3. 程序清单

程序如下：

```
# bubble sort
n=int(input("请输入学生数量："))
list=[]
#输入排序数据
for i in range(1,n+1):
    print("请输入第",i,"个成绩:")
    x=int(input( ))
    list.append(x)
#冒泡排序
for i in range(0,n-1):                           #外层循环控制循环轮数
    for j in range(0,n-1-i):                     #内存循环控制每轮排序次数
        if list[j]>list[j+1]:
            list[j],list[j+1]=list[j+1],list[j]
print(list)
```

程序运行结果如下：

```
请输入学生数量：5
请输入第 1 个成绩:46
请输入第 2 个成绩:25
请输入第 3 个成绩:36
请输入第 4 个成绩:89
请输入第 5 个成绩:47
[25, 36, 46, 47, 89]
```

3.3.3 递归算法

【实验内容】

阶乘计算：编写递归函数，完成 n!。

【实验指导】

1. 问题分析

一般情况下，计算 n! 可以采用循环连乘的方法，即从 1 连乘到 n。这里介绍递归函数的方法，一个函数直接或间接调用自身，就是递归调用。递归调用分为递推和回归两个过程。递推的过程是一个逐层调用自身的过程，每一层调用产生的临时结果都会入栈（运算特点：先进后出）存储，直至递推到递归终止条件；接着开始回归的过程，逐层地从栈中弹出存储的临时结果并进行相关计算，直到栈空，返回到初始调用处为止。

2. 设计步骤

（1）编写递归函数。

n!有两种情况：第一，n 为 0 或 1，阶乘结果为 1，该结论也是递归的出口条件。第二，

n＞1,则 n!=(n-1)!＊n,而这里(n-1)!怎么求得呢？根据递归思想,它此时的性质与求
n!性质一样,只是规模缩小了,所以(n-1)!仍然利用该函数求得,即 fac(n-1);而
(n-1)!=(n-2)!＊(n-1)。同样的道理,(n-2)!也利用该函数 fac(n-2)求得,以此类
推,直到 n 的规模缩小为1,它的阶乘为1,这样反过来就可以求得 2!,进而得出 3!、4!、…直
到 n!。

利用 if 函数将两种情况按照递归方法表达出来,即:

```
if 出口条件(最简情况):
    直接求解
else:
    递归调用
```

(2) 输入数据。通过 input()函数输入整数 x。

(3) 调用函数。调用递归函数,接收函数返回值,即阶乘结果。

(4) 输出结果。利用 print()函数输出阶乘结果。

3. 程序清单

程序如下:

```
#递归法求 n!
def fac(n):
    if n == 0 or n == 1 :          #递归结束条件,返回函数值,不再递归调用
        return 1
    else:
        return  n * fac(n- 1)      #把第 n 步的函数值与第 n-1 步的函数关联
x = int(input("求谁的阶乘"))
y=fac(x)
print(x,"的阶乘是",y)
```

程序运行结果如下:

```
求谁的阶乘 4
4 的阶乘是 24
```

【实战练习】

(1) 编写函数,求出小于 n 同时能被 3 和 7 整除的所有自然数之和的平方根。例如,输
入 1 000,结果为 153.909 064。

(2) 干粮分配之最大公约数问题。暑期组织学生进行军事拓展夏令营活动,设有 m 份
干粮和 n 个学生,想将其分成若干组,使各组干粮的份数和学生人数相同,试编程计算最多
可分为几组。

✎ 小贴士

最大公约数看似简单,其实在数论、密码学等很多领域有着重要的作用。而辗转相除
法因为能比其他方法更快算出结果,所以在这些领域得到了广泛的应用,成为一些领域的
基础算法之一。辗转相除法也叫欧几里得算法,因为这个方法最先出现在古希腊数学家欧

几里得的著作《几何原本》中。具体算法如下：①对于已知的两个正整数 m、n，使得 m＞n。②m 除以 n 得余数 r。③若 r!＝0，则令 m＝n，n＝r，继续相除得到新的余数 r。若仍有 r!＝0，则重复此过程，直到 r＝0 为止，最后的 n 就是最大公约数。

（3）军事信息经常需要加密，且加密方法多种多样，有一种加密方法是将信息逆置。请编写程序，将指定字符串中的内容逆置。例如，字符串原有内容为 abcdefg，逆置后内容为 gfedcba。

（4）编写一个判断字符串是否是回文的函数。回文就是一个字符串从左到右读和从右到左读是完全一样的。例如，level、aaabbaaa、1234321 都是回文。

（5）完成以下要求：①试用顺序查找法完成实验 3.3.1；②利用时间复杂度评价标准判定顺序查找和二分查找两种算法的优劣。

小贴士

设置计数变量 n，用于在循环结构中统计两种算法下的循环次数，通过次数比较，实现两种算法优劣的判定。

（6）试用选择排序法完成实验 3.3.2。

小贴士

选择排序基本思想：在 N 个元素的列表中，假设要实现升序排序，就需要每次在若干无序数据中找到最小数，并放在无序数据中的首位。具体算法如下：①从 N 个元素的列表中选择最小值及其下标，最小值与列表的第一个元素交换；②从列表的第二个元素开始的 N－1 个元素中再选择最小值及其下标，该最小值（即整个列表元素的次小值）与列表第二个元素交换；③以此类推，进行 N－1 轮选择和交换后，列表实现升序排序。

（7）根据以下公式，编写递归函数，近似计算黄金分割。

$$\begin{cases} f(N) = 1 & N = 0 \\ f(N) = 1 + 1/f(N-1) & N > 0 \end{cases}$$

其中，N 是用户输入的整数。（若输入 100，结果为 1.618）

（8）编写一个递归函数，给定 N，返回斐波那契数列(1,1,2,3,5,8,…)第 N 项。

【能力拓展】

（1）极值问题：求区间[100,200]内 10 个随机整数中的最大数。（建议采用打擂法）

小贴士

随机数函数的使用：import random 导入库函数；random.randrange() 可以从指定范围内获取一个随机数。

例如，x＝random.randrange(2,6)，则从 2 到 5 中随机产生一个整数，不包括数字 6。

打擂法：以求最大值为例，通常变量 max(擂台)初值设置为第一个数，接下来通过循环，从第二个数开始依次与擂台 max 比较，如果发现比 max 大者，更新 max 值为当前比较值，这样比到最后，擂台 max 即为最大值。

（2）找出 1～100 的全部"同构数"。"同构数"是这样一种数，它出现在它的平方数的右端。例如，5 的平方是 25，5 是 25 中右端的数，5 就是同构数，同样的道理，25 也是一个同购

数,它的平方是 625。(结果为 1、5、6、25、76)

3.4　实验 4：典型算法 2

【实验目标】

(1) 应用穷举法求解简单问题(如求百钱百鸡、素数、韩信点兵等问题)。

(2) 应用迭代法求解简单问题(如求斐波那契数列、通式求 π 值等问题)。

(3) 应用递推法求解简单问题(如求打靶、卖桃子等问题)。

【知识梳理】

穷举法、迭代法、递推法主要思想汇总如表 3-13 所示。

表 3-13　穷举法、迭代法、递推法主要思想汇总

方　　法	主　要　思　想
穷举法	也称暴力破解法,其基本思想是根据题目的部分条件确定答案的大致范围,并在此范围内对所有可能的情况逐一验证,直到全部情况验证完毕。如求素数、百钱百鸡、排列组合等问题
迭代法	也称辗转法,是一种不断用旧值递推新值的方法。通常利用循环算法,通过构造序列来求问题近似解的方法。如求斐波那契数列、公约数、二分法求方程根等问题
递推法	通过已知条件,利用特定的递推关系得出中间推论,直至得到问题的最终结果的算法,通常有顺推和逆推两种。如求打靶、猴子吃桃子、卖西瓜等问题

3.4.1　穷举法

【实验内容】

百钱百鸡:一百钱买一百鸡,公鸡 5 钱一只,母鸡 3 钱一只,小鸡 1 钱 3 只。问有多少种组合?

【实验指导】

1. 问题分析

设公鸡 x 只,母鸡 y 只,小鸡 z 只。根据题意可列出以下方程组。

$$\begin{cases} x + y + z = 100 \\ 5x + 3y + z/3 = 100 \end{cases}$$

由于 2 个方程式中有 3 个未知数,属于无法直接求解的不定方程,故可采用"穷举法"进行试根,即逐一测试各种可能的 x、y、z 组合,并输出符合条件的解。

2. 设计步骤

(1) 确定循环变量范围和表达式。公鸡的可能数量为 0～20,母鸡的可能数量为 0～

33,所以确定内外循环的终值分别为 21 和 34。知道了公鸡和母鸡的数量后,可得两个方程:一是小鸡的数量可为 k=100−i−j;二是钱数之和为 100,即 i＊5＋j＊3＋k/3＝100。注意:小鸡的只数必须为 3 的倍数。

(2) 结果输出。公鸡、母鸡和小鸡的只数表示出来之后,如果满足 i＊5＋j＊3＋k/3＝＝100,那么就是一组符合条件的组合结果,利用 print()函数输出即可。

3. 程序清单

程序如下:

```
#百钱百鸡问题
for i in range(20+1):
        for j in range(33+1):
                k=100 -i -j
                if(i＊5+j＊3+k/3==100):
                        print("公鸡",i,"只,","母鸡",j,"只,","小鸡",k,"只。")
```

程序运行结果如下:

```
公鸡 0 只,母鸡 25 只,小鸡 75 只。
公鸡 4 只,母鸡 18 只,小鸡 78 只。
公鸡 8 只,母鸡 11 只,小鸡 81 只。
公鸡 12 只,母鸡 4 只,小鸡 84 只。
```

3.4.2 迭代法

【实验内容】

斐波那契数列:利用迭代法输出斐波那契数列前 20 项。

【实验指导】

1. 问题分析

设数列中相邻的 3 项分别为 f1、f2 和 f3,则有如下迭代算法。

(1) f1 和 f2 的初值为 1。

(2) 每次执行循环,用 f1 和 f2 产生后项,即 f3＝f1＋f2。

(3) 通过迭代产生新的 f1 和 f2,即 f1＝f2,f2＝f3。

(4) 如果未达到规定的循环次数,返回步骤(2);否则停止计算。

小贴士

为了使输出的斐波那契数更清晰,建议在输出的数与数之间添加两个空格,可以设置 print()函数中的参数 end＝" "来实现。

2. 设计步骤

(1) 给出前两个数初值并输出。根据斐波那契数规律,前两个数均为 1,并利用 print()函数输出。

(2) 输出后 18 个数。根据题目要求,需要进行 18 次循环,每次循环输出一个斐波那契数,为使程序清晰直观,设置循环变量初值为 3,终值为 21,步长为 1,对应第 3 ～ 20 个数。循环内部通过 f3＝f1＋f2 得到当前循环的"第三个数",并输出;接下来就需要产生一对新的 f1 和 f2,利用迭代方法实现,这样在下一轮的循环中就通过 f3＝f1＋f2 得到新一轮中的"第三个数"。

3. 程序清单

程序如下:

```
#迭代法
f1,f2=1,1
print(f1,end="  ")
print(f2,end="  ")
for i in range(3,21):
    f3=f1+f2
    f1=f2
    f2=f3
    print(f3,end="  ")
```

程序运行结果如下:

```
1 1 2 3 5 8 13 21 34 55 89 144 233 377 610 987 1597 2584 4181 6765
```

上面介绍的迭代法虽然可以输出前 20 个斐波那契数,但并没有将数据保存下来,这里再介绍一下递归法,借助列表将每个斐波那契数存储起来,以备二次使用。程序如下:

```
#递归法
def fib(n):
    if n==1 or n==2:
        return 1
    else:
        return fib(n -1)+fib(n -2)
list=[]
for i in range(1,21):
    list.append(fib(i))
print(list)
```

程序运行结果如下:

```
[1, 1, 2, 3, 5, 8, 13, 21, 34, 55, 89, 144, 233, 377, 610, 987, 1597, 2584, 4181, 6765]
```

3.4.3 递推法

【实验内容】

卖桃子问题:某超市卖桃子,第一天,卖了一半,又多卖了 1 个;以后每天卖剩下桃子的一半多 1 个;到第十天,只剩下一个桃子。问:原来有多少个桃子?

【实验指导】

1. 问题分析

题目给出了最后一天的桃子数量,不妨从后往前倒着推,来计算出第一天的桃子数量。假设表示后一天桃子数的变量为 fh,前一天桃子数的变量为 fq,具体算法如下。

(1) 因为第十天只剩一个桃子,所以 fh 的初值为 1。

(2) 根据题意,用 fh 可推出 fq,即 fq=(fh+1)＊2;如果继续递推前一天的桃子数量,得到的 fq,就要成为新的 fh,即 fh=fq;可以看到,前九天都遵循这样的关系,就可以利用循环来实现这部分代码,循环次数显然就是 9。

(3) 如果未达到规定的循环次数,返回步骤(2),否则停止计算。

2. 设计步骤

(1) 给出 fh 的初值。因为最后一天桃子的数量为 1,所以 fh=1。

(2) 循环中,通过递推关系得到第一天桃子数量。根据题目要求,需要进行 9 次循环。第一次循环,由第十天的桃子数量得到第九天的桃子数量;第二次循环,由第九天的桃子数量得到第八天的桃子数量,以此类推,当得到第一天的桃子数量时,就得到了原来桃子的数量。为了使程序更为清晰直观,设置循环变量初值为 9,终值为 0,步长为 1,分别对应第九天到第一天。循环体内部就是根据后一天桃子数量得到前一天桃子数量,以及递推出新一轮中后一天桃子数量(即当前循环中得到的前一天桃子数量)。

3. 程序清单

程序如下:

```
fh=1
  for i in range(9,0, -1):          #循环变量对应第九天到第一天
    fq=(fh+1)＊2                      #根据后一天桃子数量 fh 得到前一天桃子数量 fq
    fh=fq                            #递推出新一轮中后一天桃子数量 fh
print("原来共有桃子",fq,"个。")
```

程序运行结果如下:

```
原来共有桃子 1534 个。
```

【实战练习】

(1) RSA 加密算法是一种非对称加密算法,对极大整数做因数分解的难度决定了 RSA 算法具有极高的可靠性,故在军事、商业等领域得到广泛应用。RSA 算法的关键在于选取合适的大素数。

① 编写判断素数的函数,并调用这个函数输出 100～200 的所有素数。

小贴士

素数判断条件:除 1 和 n 之外无约数(因子),需要测试的数据范围是 2 到 n−1,或者 n/2,或者 sqrt(n)。

② 若两个素数之差为 2,则这两个素数就是孪生素数。例如:3 和 5、5 和 7 都是孪生素

数。编写程序找出 100 以内的所有孪生素数。

③ 输入一个偶数,验证该偶数的哥德巴赫猜想,即大于 2 的任一偶数都可写成两个素数之和。

④ 编程实现:打印出 1~1 000 中包含 3 的数字。如果这个数字是素数,则在数字后加上＊;如果 3 是连在一起的(如 233),则在数字前加上 &(如 3＊,13＊,23＊,&33,43＊,…,&233＊,…)。

(2) 编写程序完成以下功能:有 1、2、3、4 个数字,请输出组成的所有互不相同且无重复数字的三位数。

(3) 韩信不仅英勇善战而且智谋超群,据说他在点兵时为了保住军事机密,便让士兵变换队形报数。某次出征,韩信带兵 1 500 人,战死四五百人,3 人站一排,多出 2 人;5 人站一排,多出 4 人;7 人站一排,多出 6 人。问现有士兵多少人?

(4) 根据以下公式求 π 的值。(要求精度 0.000 5,即某项小于 0.000 5 时停止循环,结果为 3.140 578)

$$\frac{\pi}{2}=1+\frac{1}{3}+\frac{1\times2}{3\times5}+\frac{1\times2\times3}{3\times5\times7}+\frac{1\times2\times3\times4}{3\times5\times7\times9}+\cdots+\frac{1\times2\times\cdots\times n}{3\times5\times\cdots\times(2n+1)}$$

📝小贴士

注意循环结束条件的设置。

注意循环变量的初始化和每次循环递增的步长。

(5) 有一分数序列,2/1,3/2,5/3,8/5,13/8,21/13,…,求出这个数列的前 20 项之和。(结果为 32.66)

📝小贴士

由分子与分母的变化规律,可知后项分母为前项分子,后项分子为前项分子分母之和。

(6) 一球从 100 米高度自由落下,每次落地后反跳回原高度的一半,再落下,求它在第 10 次落地时,共经过多少米? 第 10 次反弹多高? (结果为 299.609 375,0.097 656 25)

(7) 卖西瓜问题:已知有 n 个西瓜,第一天卖一半多 2 个,以后每天卖剩下西瓜的一半多 2 个,问几天后能卖完? (若输入 1 024,结果为 9)

【能力拓展】

(1) 编写程序,计算下列公式中 s 的值。(n 是输入的一个正整数)

① $s=1+(1+2)+(1+2+3)+\cdots+(1+2+3+\cdots+n)$(n 是输入的正整数,若输入 10,结果为 220)

② $s=1\times2-2\times3+3\times4-4\times5+\cdots+(-1)^{n-1}\times n\times(n+1)$(n 是输入的正整数,若输入 10,结果为 −60)

(2) 泰勒级数是高等数学中的重要内容,利用泰勒级数,可以将一些函数展开为多项式。例如,正弦函数 y=sin(x)经泰勒级数展开可得:

$$\sin(x)\approx\frac{x^1}{1!}-\frac{x^3}{3!}+\frac{x^5}{5!}-\frac{x^7}{7!}+\cdots+\frac{(-1)^n x^{2n+1}}{(2n+1)!}$$

请利用泰勒展开式求正弦函数值,n 和 x 由用户输入。泰勒展开式中的 x 要使用弧度,

math. radians(x)是将度转换为弧度的函数,如 30°转换为 $\pi/6$。

(3)用牛顿迭代法(见图 3-5)求方程 $2x^3-4x^2+3x-6=0$ 在 1.5 附近的根。

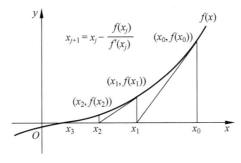

图 3-5　牛顿迭代法

第 4 章 信息编码

通信的根本问题是报文的再生,在某一点与另外选择的一点上报文应该是精确地或者近似地再现。

——克劳德·香农

【写在前面的话】

通信技术的发展得益于信息理论与通信关键工程技术的不断突破,从理论角度来看,通信的两大基本问题是信息传输的可靠性和有效性。美国科学家克劳德·香农的信息论指出了实现有效而可靠地通信的基本方向和理论极限,其中,编码是信息论研究的基本问题。通过编码对信息进行适当的处理,从而提高信息传输的可靠性和有效性。

通过本章实验,学生应熟悉利用 Python 处理计算机数值、字符等基本信息,体验通过 Python 和第三方库处理音频、图像等多媒体信息的方法和过程。通过能力拓展实验,进一步了解 Python 在信息变换和处理方面的应用。

【教与学的建议】

教的建议:结合信息在计算机中的表示及数据结构等内容,介绍如何选择恰当的数据结构实现数制之间的转换,引导学生将数制转换原理转换为算法,并通过 Python 语言实现;结合第三方库的安装,介绍如何通过 Python 语言实现音频、图像处理;进行 Python 能力拓展和习题练习巩固。

学的建议:课前,熟悉信息在计算机中表示的相关知识,尤其是进制转换、声音图像的技术参数,熟练运用数据结构。课上,按照实验内容和操作步骤完成实践操作,达到教学目标。课后,结合理论与实践,能够自主完成练习题,通过详细阅读能力拓展内容,利用线上线下等多种渠道,边学习边实践,体验应用 Python 进行信息加解密的过程。

4.1 实验 1:进制转换

【实验目标】

(1) 选择合适的数据结构进行信息处理。

(2) 从程序设计者的角度,体会如何将进制转换计算方法转换为算法。

*(3) 体验应用 Python 处理进制转换的过程。

【知识梳理】

1. 核心内容

（1）不同数据结构的异同（列表、元组、字典）。

（2）不同进制间转换的方法。

2. 知识汇总

详见第 3 章 3.2 节中的表 3-7。

【实验内容】

将数值进行编码，输入二进制整数，将其转换为八进制输出。

【实验指导】

1. 问题分析

（1）进制转换方法：二进制整数转换为八进制整数采用的方法是"三位变一位，不够 0 来凑"。

（2）数据结构选择：每三位二进制对应一位八进制，二进制数共有八种情况，可以通过字典来实现，即"键"表示三位二进制的某种可能情况，"值"表示与之对应的一位八进制。二进制和八进制整数表示采用字符串类型（为保持数据类型一致，输入数据也采用字符串类型），键与值对应关系如图 4-1 所示。

键→	'000'	'001'	'010'	'011'	'100'	'101'	'110'	'111'
值→	'0'	'1'	'2'	'3'	'4'	'5'	'6'	'7'

图 4-1 键与值对应关系

（3）算法实现分析。

① 采用函数实现转换过程。将转换过程封装成函数 BinToOct，便于程序模块化。

② 采用选择结构，完成高位补 0 操作。判断输入的二进制整数字符串的位数是否是 3 的倍数，若不是，则补 0。补 0 的数量遵循 3－n％3 原则，％表示取余。例如，n＝4 时，需要补 0 的数量为 3－4％3，即需要在高位补 2 个 0。

③ 采用循环结构完成进制转换。通过循环，对补 0 后的二进制整数字符串实现每三位二进制变一位八进制的转换。在 for 循环中，b 表示待转换的二进制字符串，i 表示 b 中第 i 个"三位二进制"，i 取值从 0 至 len(b//3)－1，//表示整除。通过 b[3＊i:3＊(i＋1)] 截取第 i 个待转换的"三位二进制"字符串（字典中的"键"），通过字典找到对应的"一位八进制"字符串（字典中的"值"），每次转换的结果拼接到字符串中。

2. Python 实现

程序如下：

```
# BinToOct.py
def BinToOct(b):                              #定义函数
```

```
        D={'000':'0','001':'1','010':'2','011':'3','100':'4','101':'5','110':'6',
'111':'7'}                                    #定义字典
    if len(b)%3!=0:
        b='0'*(3-len(b)%3)+b                   #在高位补0,拼接字符串
    t=''                                       #初始化变量t
    for i in range(len(b)//3):                 #进制转换
        b3=b[3*i:3*(i+1)]                      #截取待转换的二进制位
        t=t+D[b3]                              #三位变一位
    return t
b=input('请输入二进制数据:\n ')
print('转换后的八进制数据:\n'+BinToOct(b))
```

程序运行结果如下:

```
请输入二进制数据:
1001010111
转换后的八进制数据:
1127
```

小贴士

字符串可以进行乘法、加法运算,表示对字符串进行拼接操作。其中,b='0'*(3-len(b)%3)+b,表示先用乘法生成若干个0,再拼接到b之前,重新赋值给b,完成补0操作。

【实战练习】

(1) 输入二进制整数,将其转换为十六进制输出。
(2) 输入二进制整数,将其转换为十进制输出。
(3) 输入十进制整数,将其转换为二进制输出。

提示:可以选用字符串数据结构进行处理,字符串的索引和二进制数位的编号顺序是相反的。

4.2　实验2:多媒体信息处理

【实验目标】

(1) 体验应用Python进行音频处理的过程。
(2) 体验应用Python进行图像处理的过程。

【知识梳理】

1. Pydub音频库使用介绍

(1) 导入pydub库中的AudioSegment模块。

示例:from pydub import AudioSegment

(2) from_file()。

功能：打开音频文件。

示例：s = AudioSegment. from_file ("a. mp3",format="mp3")

(3) len()。

功能：获取音频时长,单位为毫秒。

示例：len(s)

(4) sample_width。

功能：获取音频采样精度/量化位数,单位为字节。

示例：s. sample_width

(5) frame_width。

功能：获取音频采样宽度,单位为字节,即通道数×采样精度。

示例：s. frame_width

(6) rms。

功能：获取音频响度/音量。

示例：s. rms

(7) frame_rate。

功能：获取音频采样频率。

示例：s. frame_rate

(8) s[:]。

功能：获取音频中间某一部分数据。

示例：mid = s[10000：25000]

(9) set_frame_rate()。

功能：修改音频文件采样频率。

示例：mono = combined. set_frame_rate(10000)

(10) set_channels()。

功能：修改音频文件通道数。

示例：mono = combined. set_channels(1)

(11) export()。

功能：输出音频文件。

示例：file_handle = combined. export("output1. mp3",format="mp3")

(12) close()。

功能：关闭音频文件。

示例：file_handle. close()

2. PIL(Python Imaging Library)图像库使用介绍

(1) 导入 PIL 库中的 Image 模块。

示例：from PIL import Image

(2) open()。

功能：打开图片文件。

示例：a = Image. open('china. jpg')

（3）crop（）。

功能：裁剪图片。

示例：a1＝a. crop（（x1,y1,x2－1,y2－1））

说明：x1 与 y1 为左上角像素坐标,x2－1 与 y2－1 为右下角像素坐标。

（4）resize（）。

功能：缩放图片。

示例：a1＝a1. resize（（x,y））

说明：x 与 y 分别表示调整后的图片宽度与高度,以像素为单位。

（5）new（）。

功能：创建底层图片。

示例：newPhoto ＝ Image. new（'RGB',（x,y）, 'black'）

说明：创建 RGB 模式,大小为 x×y,颜色为黑色纯色图片。

（6）paste（）。

功能：粘贴图片。

示例：newPhoto. paste（a1,（x,y））

说明：将 a1 图片粘贴到 newPhoto 上,a1 图片左上角像素坐标为（x,y）。

（7）save（）。

功能：保存图片。

示例：newPhoto. save（'newChina. jpg'）

【实验内容】

（1）应用 Python 查询音频文件相关信息,对音频文件进行剪辑、合成,编辑音频文件的采样频率、声道。

（2）应用 Python 对一幅图像进行旋转、放大、裁剪、粘贴等编辑处理。

【环境准备】

利用 Python 编辑音频和图像文件一般还需要使用第三方库。本实验采用 pydub 第三方库处理音频信息,采用 PIL 第三方库处理图像信息。

Python 基本环境不包含 pydub 库与 PIL 库,需要额外安装。它们的安装方法与运行环境有关,具体内容可上网搜索相关内容。下面以 pydub 为例,简单介绍安装过程。

1. ffmpeg 的下载及安装

pydub 库依赖 ffmpeg 工具,所以在使用之前,需要先安装 ffmpeg。具体过程如下。

（1）下载安装文件。进入 ffmpeg 官方下载网页 http:// ffmpeg. org/download. html,下载与运行环境配套的安装文件。例如,Windows 32 位系统,下载文件名为 ffmpeg-20170807-1bef008-win32-static。下载的文件是 zip 格式的压缩文件,需将该文件解压到计算机某个位置（如 D:\）。

（2）配置系统变量。在解压后的 ffmpeg 文件夹内找到 bin 文件夹的位置,如 D:\

ffmpeg-20170807-1bef008-win32-static\bin。将该路径添加到系统变量 Path 中,配置环境变量操作步骤如下。

① 右击桌面计算机图标,选择"属性",弹出"系统属性"设置窗口,如图 4-2 所示,在弹出窗口中选择"高级"。

② 单击"环境变量"按钮,弹出"环境变量"设置窗口,如图 4-3 所示,在系统变量列表中找到 Path 变量并双击,弹出"编辑系统变量"窗口,如图 4-4 所示。

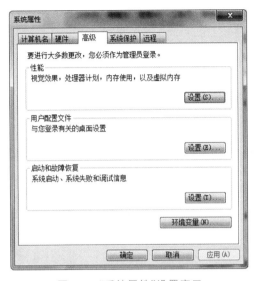

图 4-2　"系统属性"设置窗口

图 4-3　"环境变量"设置窗口

③ 在"变量值"末尾追加上 bin 路径(路径为 D:\ffmpeg-20170807-1bef008-win32-static\bin)。

配置好系统路径后,ffmpeg 就安装完成了,可以在命令提示符中检查是否安装成功,在命令提示符下输入 ffmpeg,如果输出如图 4-5 所示信息,则表示安装成功。

图 4-4　"编辑系统变量"窗口

```
C:\Users\Administrator>ffmpeg
ffmpeg version N-86950-g1bef008 Copyright (c) 2000-2017 the FFmpeg developers
  built with gcc 7.1.0 (GCC)
  configuration: --enable-gpl --enable-version3 --enable-cuda --enable-cuvid --e
```

图 4-5　安装成功

2. 在线安装 pydub 和 PIL 库

(1) 安装 pydub 库,在命令提示符下输入 pip install pydub。

(2) 安装 PIL 库,在命令提示符下输入 pip install pillow。

【实验指导】

1. Python 处理音频信息

(1) 查询 a.mp3 音频相关信息。

```
#Sound1.py
from pydub import AudioSegment
s = AudioSegment.from_file("a.mp3",format="mp3")
print (len(s))                    #时长(毫秒)
print (s.sample_width)            #采样精度/量化位数(字节)
print (s.frame_width)             #采样宽度(字节),通道数×采样精度
print (s.rms)                     #响度/音量
print (s.frame_rate)              #采样频率,CD音频为 44.1kHz,则 frame_rate 为 44100
```

（2）截取 a.mp3 音频三个片段进行拼接合成。

```
#Sound2.py
from pydub import AudioSegment
s = AudioSegment.from_file("a.mp3",format="mp3")
beginning = s[:5000]              #获取 s 的前 5 秒音频数据
mid = s[20000:27000]             #获取 s 中间从 20 秒至 27 秒的音频数据
end = s[ -18000: -5000]          #获取 s 倒数从 5 秒至 18 秒的音频数据
combined = beginning + mid +end  #音频链接:拼接上述 3 段音频
file_handle = combined.export("output1.mp3",format="mp3")
                                 #输出到文件 output1.mp3
file_handle.close()
```

（3）修改 a.mp3 音频的采样频率和声道。

```
#Sound3.py
from pydub import AudioSegment
s = AudioSegment.from_file("a.mp3",format="mp3")
combined=s[:]                                            #时长(毫秒)
mono = combined.set_frame_rate(10000).set_channels(1)   #将原采样频率改为 10kHz,单通道
file_handle = mono.export("output2.mp3",format="mp3")   #输出到文件 output2.mp3
file_handle.close()
```

2. Python 处理图像信息

（1）旋转图片。

```
# photo1.py
from PIL import Image
a = Image.open('china.jpg')       #打开图片
b = a.rotate(16)                  #旋转图片
b.save('NewChina001.jpg')         #保存图片
```

运行结果如图 4-6 所示。

（2）修改图片大小。

```
#photo2.py
from PIL import Image
a = Image.open('china.jpg')
w,h = a.size                      #获取当前图片大小
c = a.resize((w//2,h//2))         #重置图片大小
c.save('NewChina002.jpg')
```

(a) 处理前

(b) 处理后

图 4-6 旋转图片

运行结果如图 4-7 所示。

(a) 处理前

(b) 处理后

图 4-7 修改图片大小

（3）剪裁图片。

```
#photo3.py
from PIL import Image
a = Image.open('china.jpg')
#裁剪图片 crop(x1,y1,x2,y2),将左上角(x1,y1)至右下角(x2 -1,y2 -1)的区域裁剪出来
b = a.crop((100,0,300,300))
b.save('NewChina003.jpg')
```

运行结果如图 4-8 所示。

(a) 处理前

(b) 处理后

图 4-8 裁剪图片

（4）创建底层图片并将该图片粘贴到目标图片。

```
#photo4.py
from PIL import Image
a = Image.open('china.jpg')
#创建一个 RGB 模式、300*200 像素点、底色为白色的纯色图片
b = Image.new('RGB',(300,200),'white')
#将 a 图粘贴到 b 图上,粘贴起始点为(0,0)
b.paste(a,(0,0))
b.save('NewChina004.jpg')
```

运行结果如图 4-9 所示。

(a) 处理前

(b) 处理后

图 4-9　粘贴图片

（5）将目标图片裁剪粘贴成 4×2 的宫格图片。

```
#photo5.py
from PIL import Image
a = Image.open('china.jpg')
#分别将 a 图裁剪,获取 8 张小图
a1 = a.crop((0,0,160,213))
a2 = a.crop((160,0,320,213))
a3 = a.crop((320,0,480,213))
a4 = a.crop((480,0,640,213))
a5 = a.crop((0,213,160,427))
a6 = a.crop((160,213,320,427))
a7 = a.crop((320,213,480,427))
a8 = a.crop((480,213,640,427))
#分别将获得的 8 张小图重置大小
a1 = a1.resize((100,100))
a2 = a2.resize((100,100))
a3 = a3.resize((100,100))
a4 = a4.resize((100,100))
a5 = a5.resize((100,100))
a6 = a6.resize((100,100))
a7 = a7.resize((100,100))
a8 = a8.resize((100,100))
#创建一个 RGB 模式、500*290 像素点、底色为黑色的纯色图片
eightImg=Image.new('RGB',(500,290),'black')
#将 8 张小图按照不同位置粘贴到新创建的黑色图片上
eightImg.paste(a1,(20,30))
```

```
eightImg.paste(a3,(140,30))
eightImg.paste(a5,(260,30))
eightImg.paste(a7,(380,30))
eightImg.paste(a2,(20,160))
eightImg.paste(a4,(140,160))
eightImg.paste(a6,(260,160))
eightImg.paste(a8,(380,160))
eightImg.save('NewChina005.jpg')
```

3. Python 处理图像置换加密

```
# photo6.py
from PIL import Image
def enImg(path1, path2):
    img1=Image.open(path1)              #打开图像 1
    width,height=img1.size             #返回图片宽、高,单位是像素
    print(width,height)
    N=min(width,height)
    enImg=Image.new('RGB',(N,N),'white')   #生成 N*N 像素点的图像 2
    for x in range(N):                 #遍历所有像素点
        for y in range(N):
            xt=(x+2*y)%N               #坐标变换
            yt=(1*x+3*y)%N
            pix=img1.getpixel((x,y))   #取出 x,y 坐标处的像素(RGB 的值)
            enImg.putpixel((xt,yt),pix) #将 xt,yt 的像素用 x,y 坐标的像素替换
    enImg.save(path2)
path1 = 'photo6_1.bmp'                 #原始图像
path2 = 'photo6_2.bmp'                 #加密后的图像
enImg(path1, path2)
```

运行结果如图 4-10 所示。

(a) 处理前   (b) 处理后

图 4-10　图像置换加密

【知识拓展】

1. Turtle 库简介

Turtle 库是 Python 的基础绘图库,可以完成很多复杂的绘图,在计算机二级等级考试中考核频率非常高。

2. 使用 Turtle 库绘制红色五角星

程序如下：

```
# star.py
from turtle import *
penup()                          #提笔
goto( -100,50)                   #设置落笔点坐标
pendown()                        #落笔
color("red")                     #设置颜色为红色
begin_fill()                     #开始填充
for i in range(5):
    forward(200)                 #设置移动距离
    right(144)                   #向右转 144 度
end_fill()                       #填充结束
hideturtle()                     #隐藏鼠标
```

程序运行结果如图 4-11 所示。

图 4-11　star.py 程序运行结果

【实战练习】

（1）应用 Python 对两段音频文件进行剪辑、合成。

（2）编辑合成的音频文件的采样频率、量化位数、声道，感受音频参数改变对音质的影响。

（3）对给定图像进行旋转、裁剪和拼接处理，体验应用 Python 进行图像处理的方法。

＊4.3　实验 3：Python 拓展之信息加解密

【实验目标】

（1）说明恺撒加解密基本原理。

（2）设计恺撒加解密算法。

（3）体验应用 Python 进行加解密的过程。

【知识梳理】

1. 恺撒加解密原理

将文本中的字母按照字母表顺序进行偏移,即得到对应的密文,如果超出字母表范围,则采取循环移位的方法,其他字符保持不变;反之即得到解密算法。例如,采用恺撒加密方法对文本'no pain no gain'进行加密时,若偏移量为2,则明文与密文的对照如图4-12所示,加密后的文本为'pq rckp pq ickp'。

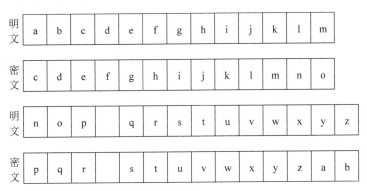

图 4-12 明文与密文对照(偏移量为 2)

对密文进行解密的过程与加密过程相反。在恺撒加密方法中,密钥就是偏移量。

2. ord( )与 chr( )函数

(1) ord( )函数。

功能:将字符转换为其对应的 ASCII 码。

格式:ord(x)   #x 为需要转换的字符

示例:ord('a')   #函数返回值为 97

(2) chr( )函数。

功能:将 ASCII 码转换为其对应的字符。

格式:chr(x)   #x 为需要转换的 ASCII 码

示例:chr(97)   #函数返回值为 'a'

【实验内容】

任务描述:输入明文(由小写字母构成的字符串),运用恺撒加密算法输出密文(明文每个字符按 ASCII 码表顺序往左移 3 个位置得到对应密文字母)。

【实验指导】

1. 问题分析

(1) 加密原理。采用恺撒加密方法,密钥为−3。

(2) 算法分析。

① 编写函数。将加密过程封装为函数 encrypt(x,key)。x 表示要加密的字符,key 表示密钥。

② 控制结构。采用循环结构针对每个字符进行处理。

（3）加密方法。

① 求取 x 的位置 xid。xid＝ ord(x)－ ord('a')

② 循环移位。yid＝(xid＋key)%26

③ 求取密文字母。y＝chr(ord('a')＋yid)

2. Python 实现

程序如下：

```
# encrypt.py
def  encrypt (x,key):                    #定义函数
    xid=ord(x) -ord('a')                 #计算出字符 x 在字母表中的位置
    yid=(xid+key)%26                     #将明文对应的 ASCII 转换为密文对应的 ASCII
    y=chr(ord('a')+yid)                  #将密文对应的 ASCII 转换为密文
    return y
text=input('请输入要加密的文本:\n')
key=eval(input('请输入加密密钥：'))
newtext=''
for x in text:
    if  'a'<=x<='z':
        newtext=newtext+encrypt(x,key)  #将明文转换为密文
    else:
        newtext=newtext+x
print('加密后的文本:\n'+newtext)
```

程序运行结果如下：

```
请输入要加密的文本：
abcdef
请输入加密密钥：
-3
加密后的文本：
xyzabc
```

【实战练习】

改进上述实验内容,要求输入的明文字符串不区分大小写,并实现对应的加解密操作。

【综合实验】

上面的程序只能处理 26 个小写英文字母,而不支持其他字符,如大写字母、数字、标点等。但这些字符在实际使用中也会大量出现,需要进行支持,才能更好地保护信息。下面请对恺撒加密方法进行扩展,使其能够进一步处理其他英文字符。

第 5 章 计算机系统组成

纸上得来终觉浅,绝知此事要躬行。

——宋·陆游

【写在前面的话】

通过本章实验,学生应进一步了解微型计算机的组成,学会组装微型计算机的方法,掌握安装操作系统及排除计算机主要故障的技能。通过实验,亲自动手实践,完成理论到实践的进阶,有意识地培养学生的计算机硬件动手能力和操作系统实操能力。

【教与学的建议】

教的建议:结合理论授课内容讲授本章实验。结合微型计算机的组成部件,各部件运行机制,操作系统的相关概念,练习维护计算机的方法。在教学组织中建议以小组为单位,运用多种教学手段,组织学生进行实践。

学的建议:课前,复习计算机系统与组成理论知识,熟悉微型计算机的组成部件,熟练使用维护微型计算机的各类软件,了解安装操作系统的方式和方法。课上,按照实验任务,实验内容和操作步骤,完成操作实验,达到教学目标。课后,结合理论教材和实验内容,熟悉装机过程,加深对实验内容的理解。

5.1 实验 1:微型计算机的拆装

【实验目标】

(1) 拆卸、组装微型计算机。

(2) 识别计算机内部相关硬件。

【知识梳理】

微型计算机由高度集成的电路板和芯片组成,其常用配件如下。

(1) 主机部分,包括主板、CPU、内存条、机箱和电源等。

(2) 功能卡,包括显卡、声卡或网卡等,目前主板上已集成了声卡和网卡。

(3) 外存储设备,包括硬盘、光盘、移动硬盘或 U 盘等。

(4) 基本输入输出设备,包括显示器、键盘、鼠标和音箱(或耳麦)等。

(5) 其他外部设备,包括扫描仪、绘图仪和打印机等。

微型计算机常用配件功能用途如表 5-1 和表 5-2 所示。

表 5-1 微型计算机的基本配件

配 件 名 称	用　途
主板	为 CPU、内存和各种功能卡提供插座,为外部设备和通信设备提供总线
CPU	微型计算机核心,通过执行指令来完成微型计算机的工作
内存条	存储正在执行的程序或数据
显卡	控制显示器的显示方式
硬盘	永久性存储文件
光驱	读写光盘
显示器	显示输出信息
电源	外部电源,为微型计算机各配件供电
机箱	微型计算机主机容器,内部装有主板、CPU、内存条、硬盘和光驱等配件
键盘	向微型计算机发送"命令",或将各种数据输入微型计算机
鼠标	用于光标定位、选择菜单和启动程序

表 5-2 微型计算机外部可选配件

配 件 名 称	用　途
扫描仪	将影像转换为计算机可以显示、编辑、存储和输出的格式
打印机	打印输出图像、图形、票据报表和文字资料等
刻录机	读/写光盘,多用于向可写光盘中写入信息
音箱、耳麦	播放(输入)声音

【实验内容】

拆卸、组装微型计算机。

【实验指导】

1. 拆卸微型计算机

(1)打开主机箱。拆掉微型计算机主机箱后面的螺丝,即可打开主机箱。

(2)辨识主机箱内部硬件。主机箱内部硬件组成如图 5-1 所示。

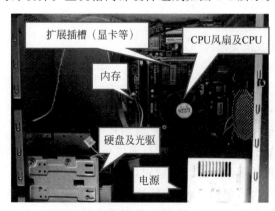

图 5-1 主机箱内部硬件组成

（3）拨动两侧卡榫，拆卸 CPU 风扇。CPU 风扇如图 5-2 所示。

小贴士

微型计算机硬件都是通过卡榫和螺丝固定的，不要暴力拆装。

（4）拆卸 CPU。拆掉风扇之后，在下面可以看到 CPU。小心地把它拆卸下来，并翻转，可以看到 CPU 背面的针脚，如图 5-3 所示。

(a) CPU正面　　　　　　　(b) CPU背面

图 5-2　CPU 风扇　　　　　　　　　　　　图 5-3　CPU

（5）通过打开内存两侧卡榫，拆卸内存条，内存条如图 5-4 所示。

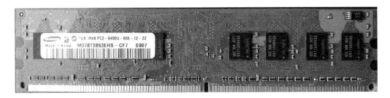

图 5-4　内存条

（6）拆卸硬盘和光驱，硬盘与光驱的位置及硬盘如图 5-5 所示。在主机箱内侧上方，有固定硬盘和光驱的格子。拧下螺丝，卸掉连接线，取下硬盘。可以使用同样的方式拆卸光驱。

(a) 硬盘与光驱的位置　　　　　　(b) 硬盘　　　　　　(c) 光驱

图 5-5　拆卸硬盘和光驱

（7）通过打开显卡两侧卡榫拆卸显卡，显卡如图 5-6 所示。显卡和内存条一样，可以通过插在主板上提升微型计算机的性能。

（8）拧下主板固定螺丝，拆卸主板，主板如图 5-7 所示。

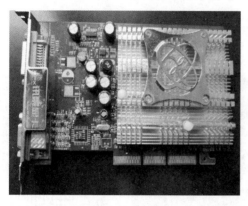

图 5-6　显卡　　　　　　　　　　　　　　　　　图 5-7　主板

2. 组装微型计算机

通过拆卸方式的逆方式组装微型计算机。采用如下步骤：固定主板→装配硬盘→装配光驱→镶嵌显卡→镶嵌内存→完成硬件安装。

5.2　实验 2：硬盘分区与安装操作系统

【实验目标】

（1）完成硬盘分区。

（2）完成操作系统的安装。

【知识梳理】

1. 微型计算机的开机过程

（1）接通微型计算机电源——显示器、键盘、机箱上的指示灯闪烁。

（2）检测显卡——屏幕出现短暂的显卡信息。

（3）检测内存——随着嘟嘟的声音画面上出现内存的容量信息。

（4）执行 BIOS——屏幕上出现简略的 BIOS 信息。

（5）检测其他设备——出现其他设备的信息（CPU、硬盘等）。

（6）执行 OS(操作系统)的初始化文件——引导 Windows 等操作系统。

2. 硬盘分区与格式化的意义

硬盘分区实际上是对存储管理的一种规划，大容量硬盘分区后便于文件的分类管理，不同类型的文件按分区存放，节约了寻找文件的时间。由于硬盘分区中内容互不干扰，有利于数据安全，避免因为错误操作造成的损失。硬盘分区类型包括以下三种，即主分区、扩展分区和逻辑分区，如图 5-8 所示。

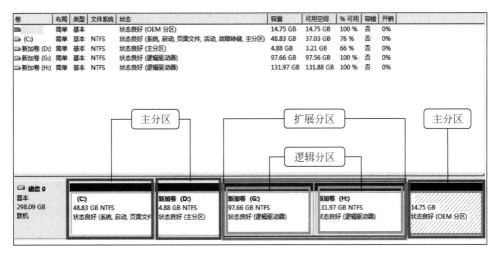

图 5-8 硬盘分区类型

硬盘的格式化分为物理格式化和逻辑格式化。物理格式化又称低级格式化，是对硬盘的物理表面进行处理，在硬盘上建立标准的磁盘记录格式，划分磁道（track）和扇区（sector）。逻辑格式化又称高级格式化，是在硬盘上建立一个系统存储区域，包括引导记录区、文件目录区和文件分配表。因为各种操作系统都必须按照一定的方式来管理硬盘，只有经过高级格式化才能使操作系统识别和访问硬盘。

3. 操作系统

操作系统是微型计算机的灵魂，它搭建了硬件和软件之间的桥梁，协调微型计算机内各种资源，是用户使用微型计算机的直接接口。一台微型计算机，只有安装好操作系统，才可以正常使用。安装 Windows 7 操作系统的常用方法如表 5-3 所示。

表 5-3 安装 Windows 7 操作系统的常用方法

安装方法	说明
光盘安装	尽管光盘的使用在逐渐减少，但光盘安装 Windows 7 系统是相对简单的安装方法。此方法安装时间会比较长，而且需要计算机中有光驱和系统光盘
U 盘安装	U 盘安装操作系统是目前十分流行的安装方式，它安装的时间短，效果好。但涉及 U 盘系统盘的制作，首先需要先将 U 盘做成启动盘，然后将操作系统文件放置到 U 盘里，这对普通用户而言有一定的难度
硬盘安装	硬盘安装包括在原有操作系统的硬盘上直接安装和使用移动硬盘安装两种，采用硬盘安装系统简单方便，目前也比较流行，非常适合各类计算机系统重装。但在原有系统的硬盘上直接安装系统时，32 位与 64 位的系统不能混装
使用 Ghost 重装系统	系统使用太久后，也容易产生诸多问题。想要重装系统，但没有系统安装盘，没有移动硬盘或 U 盘这些外部设备时，可以采用 Ghost 还原精灵重装系统。采用 Ghost 重装系统的最大特点是只要使用软件即可完成系统重装，但缺点是重装的系统与原来的系统必须是一样的

【实验内容】

（1）通过教材与视频，以小组为单位，学习硬盘分区与格式化的方法。

(2) 通过教材与视频,以小组为单位,学习安装操作系统的方法。

【实验指导】

小贴士

本章实验的操作非常重要,并带有一定的危险性。在操作不当的情况下,会造成数据的破坏和丢失,甚至造成操作系统的崩溃。因此,完成本实验时,要格外小心谨慎。

1. 硬盘的分区与格式化

1) 硬盘分区

硬盘分区有很多方法,可以用操作系统自带的快速分区程序或使用硬盘分区软件。对于新组装的微型计算机,在安装操作系统的过程中可以按照提示进行硬盘分区操作,安装

图 5-9 "磁盘管理工具"快捷方式

完成后也可进行有限制的调整。硬盘分区软件有许多,如 Power Quest Partition Magic、EASEUS Partition Master、Acronis Disk Director 和 Paragon Partition Manager。感兴趣的读者可在网络上自行下载。

Windows 7 系统自带的磁盘管理工具对硬盘分区的支持比较完善,也相对简单。下面简要介绍一下 Windows 7 系统中磁盘管理工具的使用。

(1) 在桌面计算机图标上右击弹出菜单,选择"管理"命令,如图 5-9 所示。

(2) 打开计算机管理窗口后,选择左侧任务面板"存储"分类下的"磁盘管理",即可查看当前计算机硬盘与分区,如图 5-10 所示。在该页面可以进行相关分区操作。下面压缩现有分区并建立新分区。

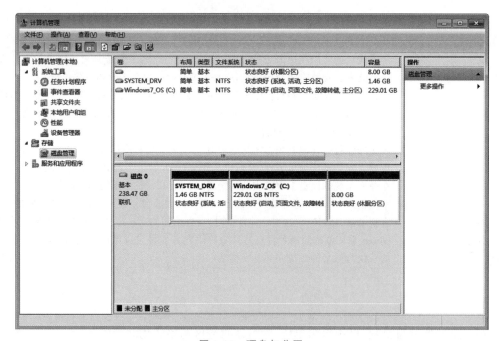

图 5-10 硬盘与分区

① 在需要处理的硬盘分区（这里是 C 盘）中右击，选择"压缩卷（H）…"，如图 5-11
所示。

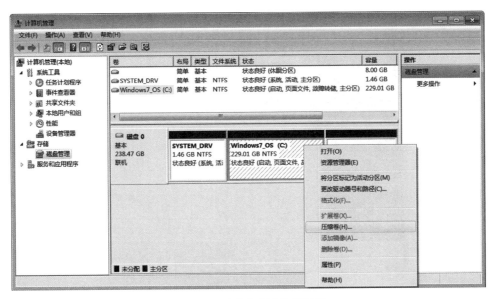

图 5-11　对硬盘分区进行压缩

② 计算完成后，显示压缩分区需要设置参数的对话框，如图 5-12 所示。经过计算，C
盘可释放的空间为 178 118MB，这是 C 盘能释放出来的最大值，但由于 C 盘是系统盘，可能
还需要安装其他软件，因此输入压缩空间量为 102 400MB（100G），然后开始压缩卷释放空
间。压缩完成后从 C 盘释放出来未分配的空白区域，如图 5-13 所示。

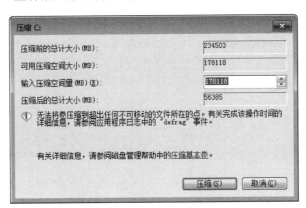

图 5-12　设置分区"压缩"对话框

图 5-13　从原有分区释放出未分配新区域

③ 在新划分出来的可用空间上右击,选择建立新卷,系统启动新建简单卷向导,如图 5-14 所示。单击"下一步"按钮。首先指定卷大小,这里使用未分配的全部空间即最大值,默认即最大值,如图 5-15 所示。

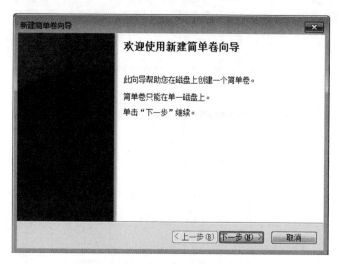

图 5-14 "新建简单卷向导"对话框

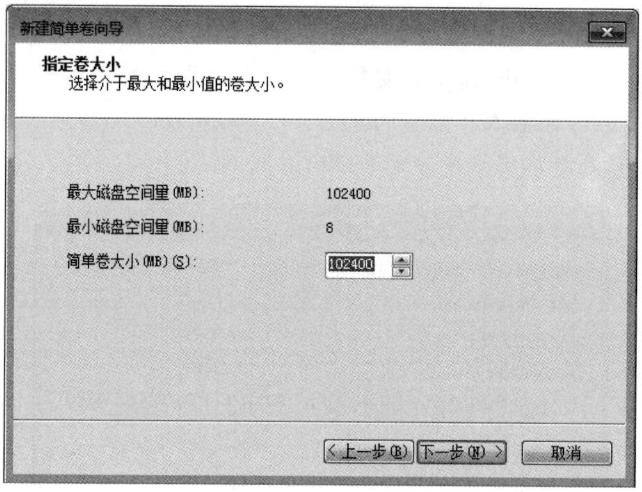

图 5-15 指定卷大小

然后分配驱动器号和路径,系统会自动给出下一个分区盘符,也可根据自己的需要选择,如图 5-16 所示。单击"下一步"按钮继续。

之后需要格式化分区,如图 5-17 所示。建立的新卷必须格式化,否则无法使用,具体内容后面详细介绍。

"新建卷"这样的操作非常重要并带有一定的危险性(破坏、删除数据),因此在真正开始操作之前必须要确认,如图 5-18 所示。单击"完成"按钮,完成新建卷的最后操作。

建立新的扩展分区卷,如图 5-19 所示。注意到它的颜色标识与其他不同,它带有绿色的边和蓝色的标题栏,表明其分区类型是扩展分区,其中包含一个逻辑分区。

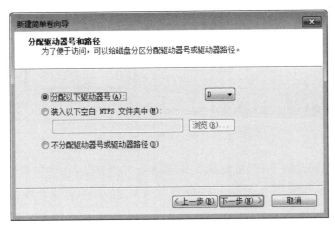

图 5-16　分配驱动器号和路径

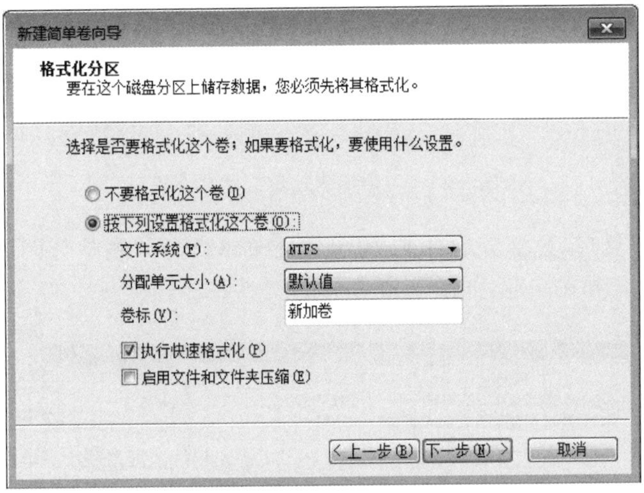

图 5-17　格式化分区

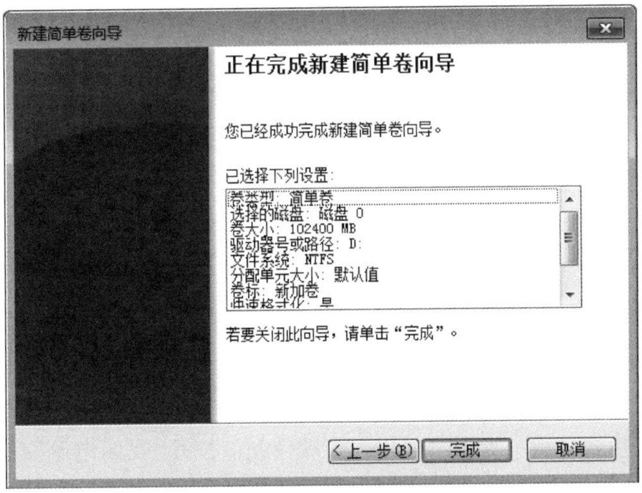

图 5-18　确认完成新建简单卷

图 5-19　建立新的扩展分区卷

（3）删除与合并分区。一个磁盘最多只能划分 4 个分区，在建立新分区时出现已达到最大分区数的情况，可采用先删除分区再合并分区的方法来解决这一问题。具体步骤如下。

① 删除 D 盘（逻辑分区），如图 5-20 所示。

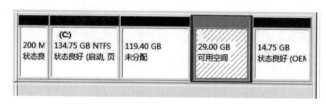

图 5-20　对话框删除 D 盘后的分区

② 删除扩展分区（绿色部分），右击，弹出快捷菜单，选择"删除分区"即可，删除后会和前面未分配的空间合并在一起，如图 5-21 所示。

图 5-21　删除分区后形成的未分配空间

③ 新建简单卷，使用未分配空间的最大值，系统自动划分出扩展分区和逻辑分区，如图 5-22 所示。新建卷的时候可以设置大小，剩余空间可以继续划分。

图 5-22　重新建立扩展分区中的逻辑分区

硬盘分区操作失误可能造成硬盘数据丢失。因此，在分区前需备份硬盘中的重要数据。

2）硬盘格式化

下面介绍硬盘格式化的一种快捷方法，其操作是：打开"我的电脑"窗口，选择硬盘分区盘符对应的图标，右击弹出快捷菜单，选择"格式化"命令，显示"格式化"对话框，如图 5-23

所示。

在"格式化"对话框中修改有关参数,"容量"下拉列表中列出待格式化容量;"文件系统"下拉列表中可选择 NTFS 或 FAT32,默认为 NTFS;"分配单元大小"下拉列表中可选择要分配的地址单元大小(又称"簇")的大小;"卷标"下的文本框输入硬盘分区对应卷的名称;若需要快速格式化,可选中"快速格式化"复选框。

单击"开始"按钮,弹出"格式化警告"对话框,若确实要进行格式化,单击"确定"按钮即可开始进行格式化操作。这时,通过"格式化"对话框中的进度条可看到格式化的进度。格式化完毕后,将出现"格式化完毕"对话框,单击"确定"按钮即可。

图 5-23　硬盘分区格式化对话框

✍ 小贴士

FAT32 文件系统从 FAT16 升级而来,采用 32 位的文件分配表,突破了 FAT16 对每一个分区容量只有 2GB 的限制,单个硬盘的支持达到了 2TB,而且支持长文件名。由于 FAT32 支持的分区容量更大,所以管理硬盘的能力得以极大地提高,在分区容量小于 8GB 时每簇的容量为 4KB,大幅节省了硬盘空间。

NTFS(new technology file system)是一种比 FAT32 功能更强大的文件系统,它的优点是安全性和稳定性极其出色。这种分区格式用的簇更小,支持的分区容量更大,并且还引入了一种文件恢复机制,可最大限度地保证数据的安全。NTFS 自动记录文件的变动操作,具有文件修复能力,出现错误能迅速修复。NTFS 文件系统稳定、不易崩溃,不易产生文件碎片,不需要定期进行磁盘碎片整理。

2. 操作系统的安装

下面介绍使用光盘安装法安装 Windows 7 操作系统的过程。

1) 安装前的准备

(1) 硬件准备。准备好系统安装盘,断开外部设备,以免安装过程中出现资源冲突。

(2) 检查计算机的规格配置。为了运行 Windows 7 操作系统,必须有至少 1GHz 的处理器、1GB 的内存(如果安装 64 位则需要 2GB)、16GB 的硬盘空间(如果安装 64 位则需要 20GB)、支持 DirectX 技术的显卡。

(3) 备份数据。如果从另一种系统升级到 Windows 7 操作系统或需要覆盖当前系统,那么原来微型计算机中保存的所有文件和程序都会丢失。程序是不能备份的,它们需要重新安装。但是任何文件,包括文档、音乐、图片、视频等,都需要备份。根据需要备份数据的不同大小,可以使用 DVD 和 CD、外部移动硬盘、U 盘或者云端来备份。

(4) 将 BIOS 设置为从光驱启动微型计算机。具体操作:重启计算机,当屏幕显示制造商标志信息时,按 Delete 键(其设置根据不同制造商而不同)进入 BIOS 界面。一旦出现 BIOS 菜单,选择"Boot(启动)"菜单。改变设备的启动顺序,让计算机先从光驱启动。保存更改并退出,然后计算机会重启并从光盘引导。

2）主要安装过程

在安装过程中，依据提示信息，逐步回答系统询问，单击"下一步"按钮，进入下一个过程，直至完成安装。

Windows 7 操作系统在安装过程中可能会进行硬盘分区和格式化，微型计算机系统环境不同，安装过程可能有差异，应根据 Windows 安装程序的提示进行操作。在重新安装操作系统后，还需要重新安装某些配件和外部设备的驱动程序及应用程序，使微型计算机能正常运行。

3）安装后的工作

（1）运行 Windows 更新。如果你选择了不自动更新，安装后应该马上运行 Windows 更新，这会保证系统进行最新的安全和稳定修复。如果选择自动更新，计算机会在连接到互联网之后开始下载并安装更新。

（2）检查设备和驱动程序。Windows 7 操作系统应该会自动将所有的设备都安装好。不过一些厂家的设备也可能不会被支持，需要从该设备的制造商网站上找到正确的驱动程序并安装。

（3）重新安装应用程序。如果进行了系统重装，之前的程序都将变得不能使用。需要重新安装所有想用的程序，包括文字处理器、网络浏览器和游戏等。

（4）安装杀毒软件。安装主流的杀毒软件，并及时更新杀毒软件，增强计算机防护能力。

5.3 实验 3：维护及保养微型计算机

【实验目标】

（1）使用杀毒软件完成微型计算机病毒查杀。

（2）完成系统备份。

【实验内容】

（1）使用微型计算机中的杀毒软件完成一次病毒查杀。

（2）完成系统备份与还原。

【实验指导】

1. 使用杀毒软件完成病毒查杀

目前市场上杀毒软件比较多，这里主要介绍使用 360 杀毒软件完成病毒查杀。

（1）打开 360 杀毒软件。打开杀毒软件之后，会显示如图 5-24 所示的杀毒软件主界面。

（2）选择杀毒方式。在杀毒软件主界面可以选择全盘扫描或者快速扫描。在这里我们选择全盘扫描，如图 5-25 所示。

图 5-24　360 杀毒软件主界面

图 5-25　全盘扫描主界面

💾小贴士

　　全盘扫描是指扫描所有的文件,较好的安全套件甚至会扫描隐藏分区,扫描用时比较长,能够确保较高的安全性。

　　快速扫描是指扫描病毒容易入侵的地方,以及系统关键目录,扫描速度快,用时少,但这样只能确保当前操作系统的安全。

　　建议:平时使用快速扫描,节省时间;中毒或者怀疑中毒时,采用全盘扫描,确保系统安全可靠。

（3）病毒处理。若发现威胁，会在全盘扫描后提示用户，如图5-26所示，用户可以选择是否进行处理。处理结束即完成病毒查杀。

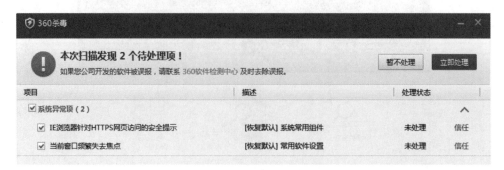

图 5-26　杀毒处理主界面

2. 系统备份

Windows 7操作系统自带了备份和还原功能，除了常规的文件备份和还原，使用系统映像功能，创建系统映像和系统修复光盘可帮助用户更好地维护计算机。

1）Windows 7操作系统创建系统映像

（1）打开控制面板，在"系统和安全"类别里找到"备份和还原"选项，如图5-27所示。

图 5-27　在控制面板中选择"备份和还原"选项

（2）在备份与还原界面左侧任务栏选择"创建系统映像"选项，如图5-28所示。创建系统映像需要为备份的映像文件找一个保存的位置，备份文件可保存在硬盘、光盘上，甚至是网络存储，"创建系统映像"对话框指定保存备份位置如图5-29所示。存储的备份映像文件在需要的时候可用来恢复系统。

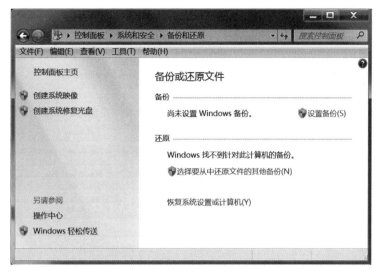

图 5-28　选择"创建系统映像"选项

图 5-29　指定保存备份位置

（3）选择好备份文件存放位置后，需要选择备份的内容，如图 5-30 所示。Windows 会把系统使用的硬盘分区进行备份，用户也可以根据需要选择其他分区一起进行备份。

Windows 7 操作系统会在开始进行备份之前再确认备份位置，如图 5-31 所示。确认创建系统映像无误后，就可以开始备份了。

图 5-30　选择需要备份的硬盘分区

图 5-31　确认备份设置

Windows 7 操作系统将显示备份的进度，如图 5-32 所示。

备份完成后，Windows 7 操作系统还会询问"是否要创建系统修复光盘"，如图 5-33 所示。如果需要，单击"是"按钮，但在操作前要确保有可刻录光驱。

图 5-32 开始保存备份

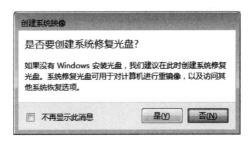

图 5-33 "创建系统修复光盘"提示框

创建完成后,关闭"创建系统映像"对话框,如图 5-34 所示。

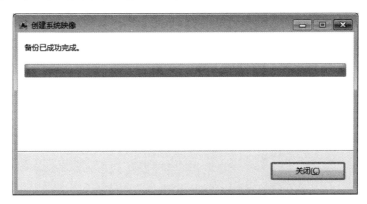

图 5-34 "备份已成功完成"对话框

2)Windows 7 操作系统利用创建的系统映像恢复系统

如果计算机可以工作并能使用控制面板,可使用控制面板的恢复功能完成系统恢复。如果硬盘或整个计算机无法工作,可使用 Windows 安装光盘或备份过程中创建的系统修复光盘恢复。如果仅是系统损坏无法打开控制面板,且没有 Windows 安装光盘或系统修复光盘,则可以使用下面的方法恢复系统。

(1)在计算机重新启动时按住 F8 键。注意:需要在 Windows 徽标出现之前按 F8 键。如果出现了 Windows 徽标,则需重启系统再试。

在显示"高级启动选项"屏幕上,使用方向键选择"修复计算机",然后按 Enter 键,如图 5-35

所示。然后选择键盘布局,如图 5-36 所示,单击"下一步"按钮。接着选择用户名并输入密码,如图 5-37 所示,单击"确定"按钮。

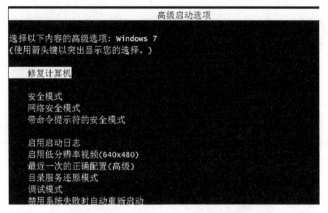

图 5-35　Windows 高级启动选项菜单

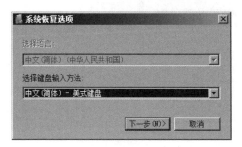

图 5-36　选择键盘布局

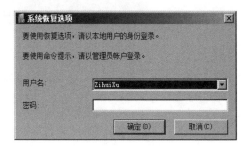

图 5-37　选择用户名并输入密码

(2) 出现"系统恢复选项"对话框,单击"系统映像恢复"选项,如图 5-38 所示。

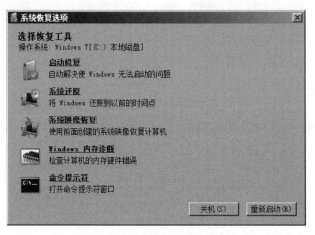

图 5-38　"系统恢复选项"对话框

(3) 在"对计算机进行重镜像"对话框中选中"选择系统映像"选项,如图 5-39 所示。

(4) 选择系统映像的备份位置,如图 5-40 所示,单击"下一步"按钮。如有多个映像,还要选择所需要还原的时间点,如图 5-41 所示,单击"下一步"按钮。

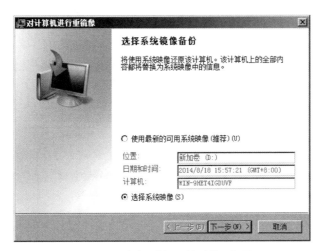

图 5-39　选中"选择系统映像"选项

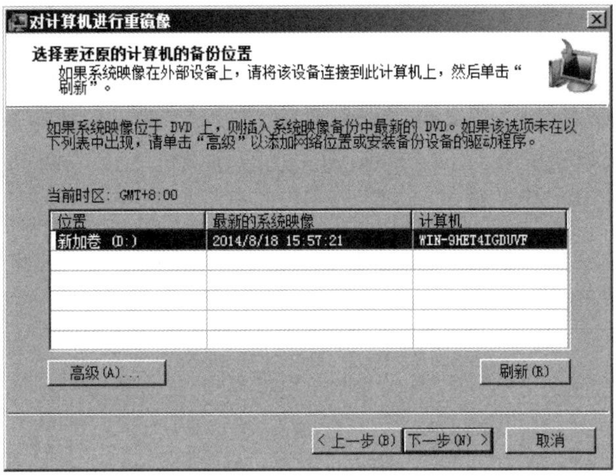

图 5-40　选择系统映像的位置

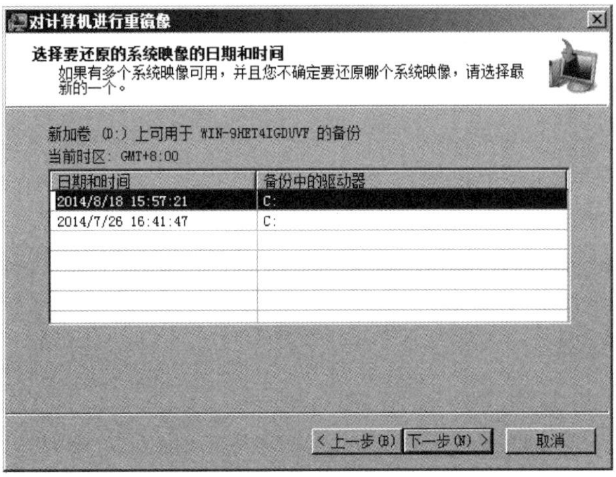

图 5-41　选择还原映像的时间点

（5）完成设置后，会出现确认窗口，如图 5-42 所示。如果正确，请单击"是"按钮开始系统映像的恢复过程。恢复成功就可以得到一个完全等同于映像创建时的系统了。

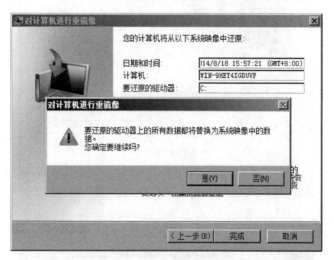

图 5-42　映像恢复确认窗口

综上所述，数据的备份和恢复可以较好地维护计算机系统，定时定期地进行数据备份能够较大程度上保证数据的安全，另外，养成良好的计算机维护习惯，也能够帮助大家进一步有效管理计算机，成为"计算机真大神"。

第6章 计算机网络基础

(1) 在网络战争中,必须赢得第一场战争。

(2) 网络战争可能在极短的时间内结束。

(3) 网络战争是一场战争。

(4) 敌人的目的可能在于制造混乱而不是破坏。

——军事专家关于网络战争的警示

【写在前面的话】

随着网络技术的飞速发展,网络应用已经渗透到各个角落。观生活,生活方式与网随行;观世界,依托网络,"互联互通、共享共治";观军事,网络构筑新作战平台,网络分布在战场的各个"节点"。作为一名新时代大学生,走近网络、了解网络、研究网络、运用网络,成为胜任未来岗位需求的必备条件之一。

本章包括网络基本设置和利用 Python 实现网络爬虫两个实验。通过本章实验,学生可加深理解网络组成、网络体系结构与协议,掌握网络设置的方法,会自己动手制作网线,体验通过 Python 实现网页数据抓取的方法。

【教与学的建议】

教的建议:网络基本设置实验,建议采取"演示操作+多媒体辅助"方式组织实施,帮助学生熟悉操作步骤,也可以推送网线制作视频,通过自主学习,独立完成网线制作。网络爬虫实验,建议采取分组形式组织学习,教师通过"演示操作+理论讲解",帮助学生读懂程序,了解网络爬虫实现的一般过程。

学的建议:网络基本设置实验,建议采取边学习边实践的方式,按步操作,完成实验内容。同时,注重知识的拓展和外延。网络爬虫实验,建议先了解 HTML 标签含义和正则表达式的使用。本案例的讲解由浅入深,环环相扣,学生可以按照解题顺序逐步掌握网络爬虫的爬取过程。

6.1 实验1:网络基本设置

【实验目标】

(1) 使用网络测试工具查看网络配置。

(2) 设置本机 IP 地址与子网掩码。

（3）使用搜索引擎快速、准确检索信息。

*（4）利用 Cisco Packet Tracer 构建虚拟局域网。

*（5）制作网线。

【知识梳理】

1. 核心内容

网络核心内容汇总如表 6-1 所示。

表 6-1　网络核心内容汇总

序号	核心概念	简要说明
1	计算机网络	将分布在不同地理位置且具有独立功能的计算机系统,利用通信设备和线路相互连接起来,在网络协议和软件的支持下进行数据通信、实现资源共享的计算机系统的集合
2	计算机网络分类	按传输技术分为广播式和点到点式;按传输速率分为低速网和高速网;按传输介质分为有线网和无线网;按拓扑结构分为总线型、星型、环型、树型和网状型;按服务模式分为对等网、客户机/服务器和专用服务器;按覆盖范围分为局域网、城域网和广域网
3	网络协议	为进行网络数据交换而建立的规则、标准或约定
4	网络协议三要素	语法、语义和同步。其中,语法指数据与控制信息的结构和格式;语义指数据与控制信息的含义;同步指规定事件实现顺序的详细说明
5	ISO/OSI 体系结构	共有 7 层,由低至高分别为物理层、数据链路层、网络层、传输层、会话层、表示层、应用层。其中物理层、数据链路层和网络层实现通信子网功能;会话层、表示层和应用层实现资源子网功能;传输层唯一负责总体数据传输和控制
6	TCP/IP 体系结构	共有 4 层,由低至高分别为网络接口层、网络层、传输层、应用层
7	网络传输介质	有线介质:双绞线、同轴电缆、光纤等 无线介质:卫星、微波、红外线、激光等
8	计算机网络设备	网卡(NIC)、集线器(Hub)、网桥(Bridge)、交换机(Switch)、路由器(Router)和网关(Gateway)等
9	MAC 地址	即物理地址,是每块网卡的唯一标识,它由 48 位二进制位构成
10	IP 地址	即逻辑地址,联网计算机的一个独有标识码,由网络标识和主机标识组成。它有 IPv4 和 IPv6 两个版本,IPv4 由 32 位二进制位构成,采取"点分十进制"表示法;IPv6 由 128 位二进制位构成,采取"冒分十六进制"表示法
11	URL 地址	即统一资源定位符,俗称网址 URL 的一般格式:协议://主机名:端口号/路径/文件名 协议:指传输协议,如 http 端口号:各种传输协议都有默认的端口号,如果省略,则表示使用默认端口号 主机名:指计算机的地址,可以是 IP 地址,也可以是域名地址 路径:指信息资源在 Web 服务器上的目录
12	子网掩码	即网络掩码、地址掩码。用于屏蔽 IP 地址的一部分以区别网络标识和主机标识,也可用于将一个大的 IP 网络划分为若干小的子网络

续表

序号	核心概念	简要说明
13	网关	即一个网络连接到另一个网络的"关口"
14	DNS	即域名服务器。DNS 可以有效地将 IP 地址映射到一个用"."分隔的域名
15	TCP 协议	即传输控制协议,面向连接的、可靠的、基于字节流的传输协议。传递数据前,通过"三次握手"机制建立连接,通信结束后,通信双方经过"四次握手"关闭连接
16	UDP 协议	即用户数据报协议,面向无连接的通信,速度快但无法保证数据的完整性和正确性
17	IP 协议	即网际协议,是 TCP/IP 协议簇中最核心的协议,它主要负责路由(路径选择),提供不可靠、无连接的服务。IP 地址根据 IP 协议而定
18	ICMP 协议	即网络控制报文协议,主要用于检测网络的链接状况,确保链接的准确性
19	HTTP 协议	即超文本标记语言。它是网络用来组织信息并建立信息页之间链接的工具,也可以看作一种用于制作排版格式的描述语言
20	SMTP 协议	即简单邮件传输协议,用于 E-mail 的发送,同时也指发送 E-mail 的服务器
21	POP3 协议	即邮局协议,用于 E-mail 的接收,同时也指接收 E-mail 的服务器
22	FTP 协议	即文件传输协议,采用客户机/服务器模式,允许用户在两台计算机之间相互传送文件,并且能保证传输的可靠性
23	WWW	即万维网,是目前 Internet 上最流行的一种交互信息查询服务,是以超文本作为基本构造的信息检索系统
24	制作网线标准	(1) T568A:绿白-1,绿-2,橙白-3,蓝-4,蓝白-5,橙-6,棕白-7,棕-8 (2) T568B:橙白-1,橙-2,绿白-3,蓝-4,蓝白-5,绿-6,棕白-7,棕-8

2. 网络测试工具常用命令

网络测试工具常用命令如表 6-2 所示。

表 6-2　网络测试工具常用命令

序号	命令名	功能及简单用法
1	cmd	功能:Windows 操作系统中的命令行工具,用于执行系统命令和处理文件,运行网络命令 简单用法:在桌面"开始"按钮下"搜索"栏输入 cmd,按 Enter 键确认即可打开"命令提示符"窗口
2	ipconfig	功能:用于显示、设置、启动和停止网络设备。常用于显示正在使用的计算机的 IP 地址、子网掩码和默认网关等。当网络环境发生改变时,可通过此命令对网络进行相应的配置 简单用法:在"命令提示符"窗口输入 ipconfig
3	ipconfig/all	功能:显示所有网络配置的详细信息,包括它们的物理地址(MAC 地址)、IP 地址、子网掩码、默认网关、DNS 服务器、IP 地址获得租约的时间,IP 地址过期的时间等 简单用法:在"命令提示符"窗口输入 ipconfig/all

序号	命 令 名	功能及简单用法
4	ping	功能：通常用来检测网络的连通情况、测试网络速度、根据域名得到相应主机的 IP 地址、根据 ping 返回的 TTL 值来判断数据包经过路由器数量 简单用法：在"命令提示符"窗口输入 ping［目标 IP 地址］ 例如：ping 127.0.0.1,目的检查本机的 TCP/IP 协议有没有问题 ＊可以使用 ping /?,列出 ping 的相关参数
5	arp	功能：用于将 IP 地址转换为对应的物理地址(MAC 地址)。每个主机和路由器都有一个唯一的 MAC 地址,用于在网络上进行通信。arp 命令能够帮助查找和维护这些 MAC 地址 例如：arp -n,用于查看高速缓存中的所有项目
6	netstat	功能：用于显示 IP、TCP、UDP 和 ICMP 协议相关的统计数据,一般用于检验本机各个端口的网络连接情况 例如：netstat -n,用于显示所有已建立的有效连接
7	tracert	功能：测试报文从发送端到目的地所经过的路由,它能够直观展现报文在转发的时候所经过的路径,当网络出现故障时,用户可以使用该命令确定出现故障的网络节点 简单用法：在"命令提示符"窗口输入 tracert 目标设备的 IP 地址或网址 例如：tracert www.163.com

【实验内容】

(1) 通过网络测试工具查看 IP 地址、子网掩码及网络连接情况。

(2) 设置本机 IP 地址与子网掩码。

(3) 使用关键词、搜索指令在搜索引擎中快速、准确检索信息。

＊(4) 利用 Cisco Packet Tracer 构建虚拟局域网。

＊(5) 制作一根 T568B 标准的网线。

【实验指导】

(1) 通过网络测试工具查看 IP 地址、子网掩码及网络连接情况。

① 使用 ipconfig 命令查看本机的 IP 地址与子网掩码。

操作方法：单击"开始"菜单→在"搜索程序和文件"窗口中输入 cmd,弹出"命令提示符"窗口→输入 ipconfig→按 Enter 键即可显示本机网卡的部分主要参数,如图 6-1 所示。

② 使用 ipconfig /all 命令查看网络配置的详细信息。

操作方法：在刚刚打开的"命令提示符"窗口输入 ipconfig /all→按 Enter 键,如图 6-2 所示。

③ 通过 ping 命令检查本地计算机与目标主机是否接通。

a. 单击"开始"菜单,在"搜索程序和文件"窗口中输入 cmd,按 Enter 键,弹出"命令提示符"窗口。

b. 在"命令提示符"窗口中输入"ping 目标主机地址或域名地址",如 ping 22.89.119.126,按 Enter 键,本地计算机将会向目标主机发送 4 个数据包,如果本地计算机与目标主机之间能够连通,目标主机将回复响应信息(包括响应时间和 TTL 值),如图 6-3 所示。

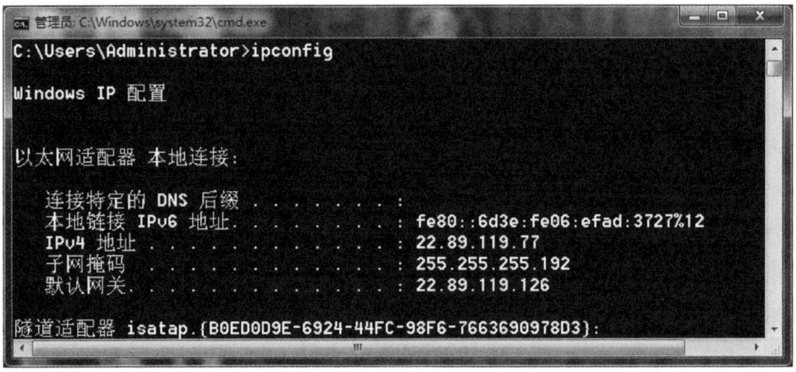

图 6-1　用 ipconfig 命令查看网络配置的部分信息

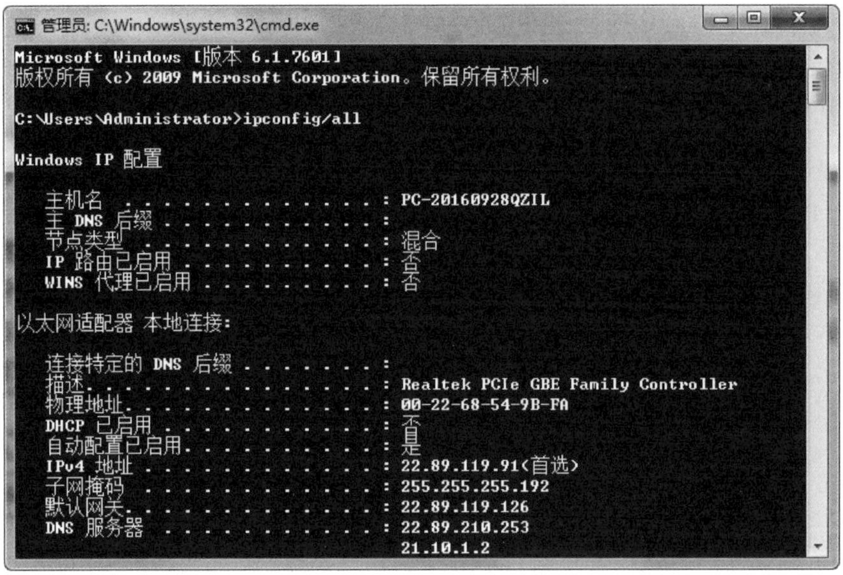

图 6-2　用 ipconfig /all 命令查看网络配置的详细信息

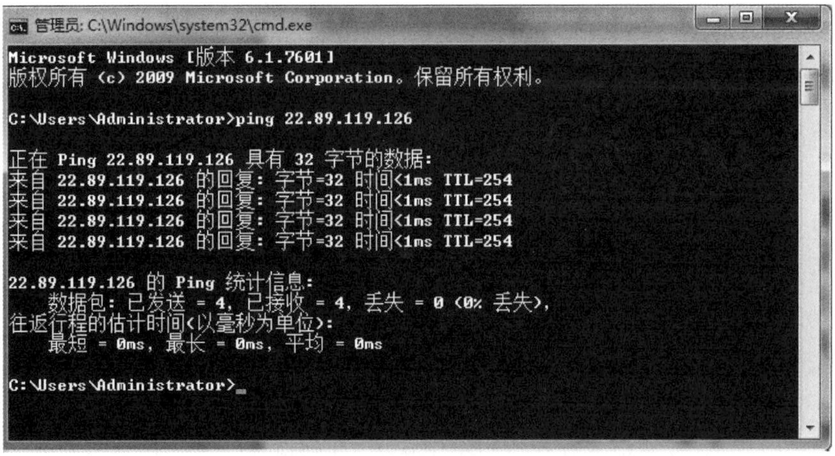

图 6-3　ping 命令检查本地计算机与目标主机是否接通

小贴士

ping 命令有两种返回结果。

正常结果："正在 ping 22.89.119.126 具有 32 字节的数据"表示目标主机的 IP 地址以及数据包的大小；"字节＝32"表示响应的数据包大小为 32 字节；"时间＜1ms"表示响应时间,数值越小,表示连通速度越快；"TTL＝254"表示生存时间,指的是 IP 数据包被路由器丢弃之前允许通过的最大网段数量。

不正常结果："请求超时"或"无法访问目标主机"表示网络不通。

一般网络检测、排错的顺序与方法如下：ping 127.0.0.1 检查 TCP/IP 协议是否正常工作；ping 本机 IP 检查本机网卡是否正常工作；ping 网关地址检查本机与网关是否连通；ping 远程网址检查远程连接。

（2）设置本机 IP 地址与子网掩码。

① 固定设置方式。

a. 在"本地连接属性"窗口中选中"Internet 协议版本 4（TCP/IPv4）",单击"属性"按钮,弹出"Internet 协议版本 4（TCP/IPv4）属性"窗口,如图 6-4 所示。

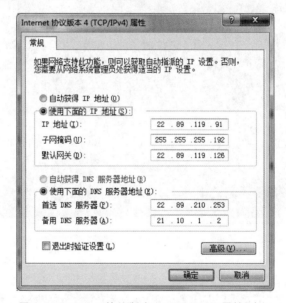

图 6-4 "Internet 协议版本 4（TCP/IPv4）属性"窗口

b. 设置 IP 地址、子网掩码等参数,参数值由网络管理部门提供。

② 自动获取方式。

操作方法：将"Internet 协议（TCP/IPv4）属性"窗口中的选项设定为"自动获得 IP 地址"和"自动获得 DNS 服务器地址"。

小贴士

采取自动获得方式,则计算机每次启动后都和网络设备联系,由网络设备自动给计算机分配一个 IP 地址,每次获取的 IP 地址都可能不同。

（3）使用关键词、搜索指令在搜索引擎中快速、准确检索信息。搜索引擎是一类系统或软件的统称,作用是从文档的集合中查找(检索)出匹配信息需求(查询)的文档,信息需求是由单词、问题等构成的。

① 以关键词搜索相关信息。详细地描述你要查找内容的关键词,关键词越多,查找的速度越快、越准确。但要注意避免使用"口语化句子",比如"驾驶员心理健康状况对交通事故的影响"应简化为关键词"驾驶员心理健康交通事故",这样可以有效增加70%～80%的有效答案。

② 把搜索范围限定在特定站点中。如果能够将搜索范围限定在某个已知的站点中,也会提高查询效率。使用的方法是在查询内容的后面加上"site:站点或域名"。例如,"驾驶员心理健康 site:sina.com"。注意,此时站点前不加http或www。

③ 限定文件类型精简搜索内容。专业文档和资料的扩展名很多都是pdf、pptx、docx、jpg等。使用的方法是"filetype:扩展名关键词",如在搜索框中输入"filetype:docx 驾驶员心理健康",即可搜索出有关驾驶员心理健康的文本文档,而且这些文档基本都可以直接下载。注意,其中的冒号为英文的冒号。

④ 过滤不需要的关键词。在搜索时经常会遇到广告的困扰,此时在搜索内容后面加上减号和需要过滤的关键词,即可过滤掉不需要的内容。例如,想查询"计算机等级考试",可尝试搜索"计算机等级考试-推广-推广链接",搜索出来的内容将跳过广告。

*(4) 利用Cisco Packet Tracer构建虚拟局域网。

① 认识Cisco Packet Tracer。Cisco Packet Tracer是由Cisco公司专门针对思科网络技术学院发布的一个辅助学习工具,是一个功能强大的网络仿真程序,它为网络初学者提供网络模拟环境。其主界面如图6-5所示。

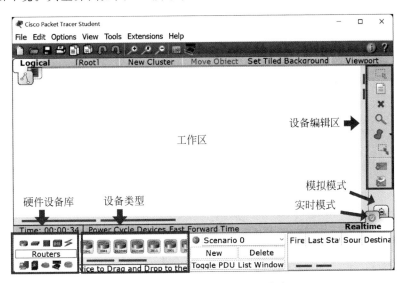

图6-5 Cisco Packet Tracer 6.0主窗口

② 添加一台交换机设备。如图6-5所示,在界面的左下角有很多种类的硬件设备,从左至右、从上到下依次为路由器、交换机、集线器、设备之间的连线、终端、仿真广域网和自定义设备。此处单击第二个图标,选择Switches交换机类,在设备类型区中单击并拖曳第一个图标,即"2950-24交换机"到工作区。

③ 添加两台台式计算机。在硬件设备库中单击第二行第一个图标，选择 End Devices 终端设备类，在设备类型区中单击并拖曳两台"PC-PT 台式计算机"到工作区，如图 6-6 所示。

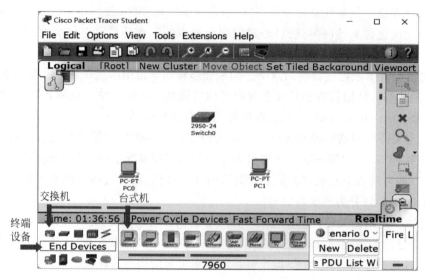

图 6-6　添加一台交换机和两台台式计算机到工作区

④ 连接网络设备。添加设备之后需要把设备连接起来，此时需要用到连接线缆，单击硬件设备库中的第 5 个闪电图标。在设备类型面板中选择"Straight-Through 直通线"，单击其中一台 PC，在弹出的下拉菜单中选择"FastEthernet0 接口"，然后将鼠标移至要连接的交换机上，右击，在弹出的下拉菜单中选择"FastEthernet0/1 接口"。按照同样的方法将第二台 PC 和交换机连接在一起。注意，第二台 PC 要和交换机的"FastEthernet0/2 接口"相连。连接完成后的效果如图 6-7 所示。

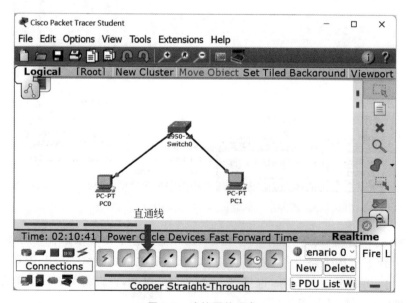

图 6-7　连接网络设备

小贴士

"2950-24 交换机"是 Cisco 公司旗下的一款快速以太网交换机。此处以这个型号的交换机为例进行讲解。

根据双绞线的接头线序和连接设备的不同,将双绞线分为直通线、交叉线和反转线。直通线是连接计算机和网络交换设备、路由器、中继器等网络设备的主要线缆。

PC 中的 FastEthernet0 接口指计算机的网卡接口。

⑤ 配置 IP 地址。在完成网络拓扑图的创建后,还需要对网络设备及 PC 进行配置。单击图 6-7 中需要配置的 PC,打开如图 6-8(a)所示的配置窗口。在该窗口中单击 Desktop 选项卡,再单击 IP Configuration 图标,打开 IP Configuration 窗口,配置如图 6-8(b)所示的 IP 地址(192.168.1.1)和子网掩码(255.255.255.0),按照相同的方法为另外一台 PC 配置 IP 地址(192.168.1.2)和子网掩码(255.255.255.0)。

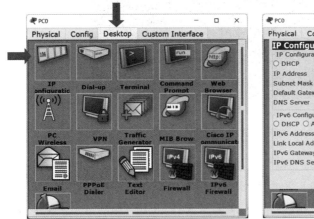 

(a) 配置窗口　　　　　　　　(b) 设置IP地址

图 6-8　配置窗口及配置 IP 地址

⑥ 在实时环境中测试 ipconfig 命令查看本机的 IP 地址与子网掩码。单击图 6-7 中需要配置的 PC,再次打开配置窗口。在该窗口中单击 Desktop 选项卡,再单击 Command Prompt 图标,打开如图 6-9 所示窗口,输入 ipconfig 命令,查看刚刚测试的 IP 地址与子网掩码等。

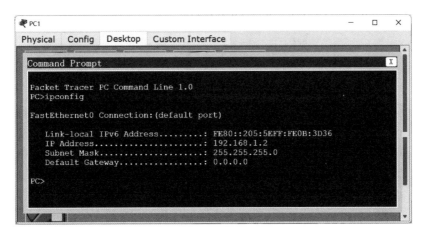

图 6-9　在实时环境中测试 ipconfig 命令

⑦ 在实时环境中测试 ping 命令查看网络连接是否成功。在第一台 PC 的实时环境中尝试用 ping 命令连接另外一台 PC。单击图中需要配置的 PC 机，打开其配置窗口。在该窗口中单击 Desktop 选项卡，再单击 Command Prompt 图标，在该窗口中输入 ping 192.168.1.2，如图 6-10 所示，系统将向目标主机发送 ICMP 请求报文，目标主机收到请求后给予答复。此时可以观察到已传输和接收的数据包数均为 4 个。

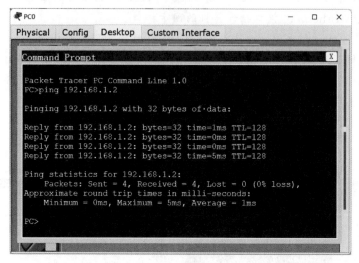

图 6-10　在实时环境中测试 ping 命令

⑧ 在模拟环境中观察 ICMP 报文的传输过程。此处以 ICMP 报文为例介绍，因此首先需要将该报文筛选出来。如图 6-11 所示，单击"模拟模式"按钮，在 Simulation Panel 窗口中单击 Show All/None 按钮，即可删除所有类型的报文，再单击 Edit Filters 按钮，在弹出的窗口中勾选 ICMP，只显示 ICMP 报文。

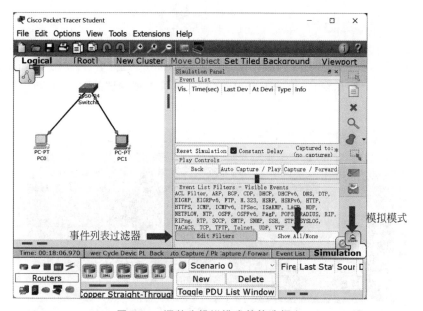

图 6-11　调整为模拟模式并筛选报文

设置好后即可按照⑦中的步骤再次发送请求数据,单击 Auto Capture/Play 按钮自动捕获数据包,在事件列表中观察 ICMP 报文的传输过程,如图 6-12 所示。

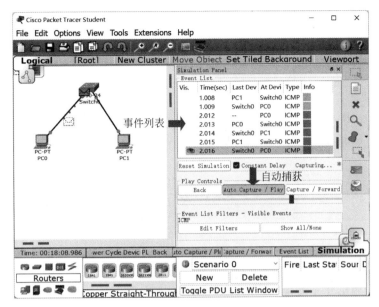

图 6-12 观察 ICMP 报文传输过程

*(5) 制作一根 T568B 标准的网线。

① 利用网线钳截取所需要长度的双绞线。

② 用网线钳将双绞线的外皮除去 2~3 厘米,剥线完成后的双绞线如图 6-13 所示。

③ 整理线序,如图 6-14 所示。T568B:橙白-1,橙-2,绿白-3,蓝-4,蓝白-5,绿-6,棕白-7,棕-8。

④ 安装水晶头。确定双绞线的每根线已经正确放置之后,就可以用 RJ-45 网线钳压接 RJ-45 接头。将水晶头的弹片朝外,入线口朝下,从左到右,遵循上面的 T568B 线序,充分插入线(以在水晶头的顶部看到双绞线的铜芯为标准),然后用网线钳用力夹一下即可。

⑤ 网线检测。测试仪分为信号发射器和信号接收器两部分,各有 8 个信号灯。测试时将双绞线两端分别插入信号发射器和信号接收器,打开电源。如果制作的直通线成功的话,则发射器和接收器上同一条线对应的指示灯会亮起来,依次从 1 号到 8 号。如果制作的交叉线成功,则是 1 号和 3 号对应着亮,2 号和 6 号对应着亮,其余的一一对应,如图 6-15 所示。

图 6-13 双绞线

图 6-14 T568B 标准

图 6-15 网线测试仪

📝小贴士

通常,双绞线用于将不同设备连接在一起时(如 PC-交换机),双绞线两端都使用 T568B 标准;用于将同种设备连接在一起时(如 PC-PC),双绞线一端使用 T568A 标准,另一端使用 T568B 标准。但目前在实际应用中,都使用 T568B 方式。

【实战练习】

（1）查看本地主机 MAC 地址。

*（2）在 Cisco Packet Tracer 6.0 中建立局域网并观察数据传输过程。

*（3）按照 T568B 标准制作一根网线。

*6.2　实验 2：Python 拓展之网络爬虫

【实验目标】

（1）查看并分析网页 HTML 源码。

（2）通过正则表达式进行数据解析。

（3）编写 Python 程序,运用第三方库 re 爬取网页中的表格信息。

（4）将抓取出来的表格信息保存在文本文件中。

【知识梳理】

1. HTML 基本概念

网页主要由文字、图像和超链接等元素构成,它可以通过 HTML 语言来制作,想要爬取网页中的数据,首先要了解该语言的结构特点。一个 HTML 文件中包含各种 HTML 元素,如图片、段落、表格等。这些元素在页面中需要用标签来分隔,可以说 HTML 文件就是由各种 HTML 元素和标签组成的。HTML 常用标签及功能描述如表 6-3 所示。

表 6-3　HTML 常用标签及功能描述

序号	HTML 标签	功 能 描 述
1	<!--...-->	定义注释
2	<body>	定义文档主体
3	 	定义简单的折行
4	<div>	定义文档中的节
5	<dl>	定义列表
6	<dr>	定义列表中的项目
7	<img>	定义图像
8	<p>	定义段落
9	<table>	定义表格
10	<tbody>	定义表格中主体内容
11	<th>	定义表格中的表头单元格
12	<tr>	定义表格中的行

💾小贴士

对于 HTML 语言,其标签通常成对出现,比如,若有<tr>标签,在 HTML 文档中,一定存在</tr>与其对应,两者之间的信息才为有效信息。

2. 正则表达式基础

解析 HTML 数据可以使用正则表达式,它是用于处理字符串的强大工具。正则表达式又称规则表达式,是一种文本模式,包括普通字符和元字符。正则表达式常用元字符和语法说明如表 6-4 所示,其余元字符可自行查询。

表 6-4 正则表达式常用元字符和语法说明

序号	元 字 符	说明及表达式实例
1	.	匹配除换行符外的任意单个字符 例如:m.n 匹配 mbn,mcn 等
2	*	匹配位于 * 之前的字符 0 次或多次 例如:mnk * 匹配 mn,mnkkk 等
3	?	匹配位于? 之前的字符 0 次或 1 次 例如:mnc? 匹配 mn 和 mnc
4	()	将位于()内的内容作为一个整体 例如:(mnk){2}匹配 mnkmnk

💾小贴士

具体应用时,可以单独使用某种类型的元字符,但处理复杂字符串时,经常需要将多个正则表达式元字符进行组合。

3. re 模块

在 Python 中,主要用 re 模块来实现正则表达式的操作,该模块常用操作如表 6-5 所示(其余函数可自行查询)。该模块属于 Python 的标准库,不需要安装,直接导入即可使用。

表 6-5 re 模块常用操作

序号	模块+函数(方法)	功 能 描 述
1	re. match()	用于在字符串的开头匹配一个模式,如果匹配成功,它会返回一个 Match 对象,如果匹配失败,则返回 None
2	re. search()	用于在整个字符串中匹配一个模式,如果匹配成功会返回一个 Match 对象,如果匹配失败,则返回 None
3	re. findall()	用于匹配所有符合模式的子字符串,它会返回一个列表
4	re. sub()	用于替换字符串中所有符合模式的子字符串

【**实验内容**】

网络爬虫(Web Spider)又称网络蜘蛛或网络机器人,是一段用来实现自动采集网站数据的程序。此处,以一个事先编辑好的网页为例,用正则表达式对 HTML 源码进行分析,并爬取网页中的表格,最后将表格中的数据存放在本地的文本文档中。本案例中待爬取网页 table. html 如图 6-16 所示。

图 6-16　本案例中待爬取网页 table.html

【实验指导】

（1）读取 table.html 文档的 HTML 源码。打开文档并获取 HTML 数据。为了验证是否成功获取了网页中的源码，此次先将网页源码打印输出。整体程序如下：

```
import re
f=open('table.html', 'r')        #打开 table.html 文件
webdata=f.read()                 #读文件，获取源码
f.close()                        #关闭文件
print(webdata)                   #打印网页源码
```

结果如下：

```
<title>表格示例</title>
<table border=1 cellspacing=0 width=30%>
  <tr >
    <td>学号</td>
    <td>姓名</td>
    <td>高考分数</td>
  </tr>
  <tr>
    <td>1001</td>
    <td>张三</td>
    <td>621</td>
  </tr>
  <tr>
    <td>1002</td>
    <td>李四</td>
    <td>618</td>
  </tr>
  <tr>
    <td>1003</td>
    <td>王五</td>
    <td>598</td>
  </tr>
</table>
```

小贴士

创建 HTML 文档,读者可自行查阅相关书籍,本实验在"网络爬虫"程序文件夹内给出了一个 HTML 文档 table.html。

HTML 文档保存的位置要与当前 Python 文件在同一个文件夹下。如果不在同一个文件夹下,在语句"f＝open('table.html', 'r')"中,需要修改 open()函数的第一个参数,提供网页文件所在的路径,如"f＝open('D:\table.html', 'r')"。

(2) 爬取 HTML 文档中表格的全部信息。观察(1)中得到的 HTML 文档,表格信息在以＜table＞开头,以＜/table＞结尾的子串中,尝试用正则表达式获取表格中的数据,然后将每一行读取出来。整体程序如下:

```
import re
f=open('table.html', 'r')
webdata=f.read()
f.close()
table=re.findall(r'<table.*?>(.*?)</table>', webdata, re.S)[0]    #获取表格
rows = re.findall(r'<tr.*?>(.*?)</tr>', table, re.S)              #获取所有行
for row in rows:
    print(' - '*10)
for row in rows:
    tds = re.findall(r'<td.*?>(.*?)</td>', row, re.S)             #获取有效数据
    print(tds)                                                    #打印数据
print('-'*10)
```

执行结果如下:

```
- - - - - - - - - -
['学号', '姓名', '高考分数']
['1001', '张三', '621']
['1002', '李四', '618']
['1003', '王五', '598']
- - - - - - - - - -
```

小贴士

如果读取文件失败,提示 UnicodeDecodeError 信息,可能是编码方式错误,需要将"f＝open('table.html', 'r')"语句修改为"f = open('table.html', 'r', encoding='utf-8')"语句。

正则表达式". *"表示贪心算法,表示要尽可能多地匹配;". * ?"表示非贪心算法,表示在字符中精确匹配;"(. * ?)"表示要获取括号之间的信息。

(3) 保存信息到本地 TXT 文档中。使用 Python 的文件相关操作,将得到的信息保存在本地 TXT 文档中。整体程序如下:

```
import re
f = open('table.html', 'r', encoding='utf-8')
webdata = f.read()
f.close()
table = re.findall(r'<table.*?>(.*?)</table>', webdata, re.S)[0]
```

```
rows = re.findall(r'<tr.*?>(.*?)</tr>', webdata, re.S)
outfile = open('2023年数据.txt', 'w')        #以写入的方式打开文件
for row in rows:
    tds = re.findall(r'<td.*?>(.*?)</td>', row, re.S)
    for td in tds:                           #遍历获取到的数据
        outfile.write(td + '\t')             #将数据写入文件
    outfile.write('\n')
outfile.close()                              #关闭文件
```

运行程序后,结果文件如图 6-17 所示。

图 6-17　结果文件

【实战练习】

(1) 利用 Python 打印输出 table.html 文档的 HTML 源码。

(2) 编写 Python 程序,爬取网页中的表格数据并存放在文本文件中。

第7章 数据库技术基础

我相信每一个人的第一份职业,对于塑造他之后的整个人生都有重要影响。战斗机飞行员的经历培养了我很多能力,如从不同的角度、用不同的原理看待事物,或者用本能来判断问题。

——关系数据库之父 Edgar F. Codd

【写在前面的话】

MySQL 是一个跨平台的开源关系型数据库管理系统。它使用 SQL(结构化查询语言)访问和管理数据库,被广泛应用于 Web 开发。全球最大的搜索引擎 Google 以及国内的百度、网易、新浪都使用 MySQL。

通过本章实验,学生应进一步理解数据库的基本概念、关系模型、DBMS 的构成,体验MySQL 对数据库的访问和管理,掌握常用 SQL 语言语法及使用,并运用 SQL 语言的基本操作管理数据库,了解数据库在管理信息系统中的作用。通过能力拓展实验,理解通过Python 编程进行数据库管理的一般方法。

【教与学的建议】

教的建议:结合授课内容讲授本章实验,学会在 MySQL 中创建数据库、创建数据表及数据更新、查询的方法;进行 Python 拓展实验、综合实验和习题练习。

学的建议:课前,熟悉数据库基本概念和数据模型,牢记 SQL 语法并熟练运用 SQL 语言。课上,按照实验内容和实验指导完成上机实践操作,达成教学目标。课后,结合理论学习和实践练习,能够自主完成课后练习题和实战练习,通过详细阅读 Python 拓展内容,边学习边实践,体验通过借助第三方库,运用 Python 编程访问和管理 MySQL 的一般方法。

7.1 实验 1:一个数据库管理信息系统的示例

【实验目标】

(1) 创建、删除 MySQL 数据库。
(2) 创建、设计 MySQL 数据库中的表。
(3) 增加、删除、修改数据表中的数据。
(4) 查询单表和多表数据。
(5) 实现投影、选择和连接操作。

【知识梳理】

1. 核心内容

（1）数据库基本概念，包括数据库、表、字段、记录、关键字、关系模型等。

（2）数据库系统组成，包括数据库、数据库管理系统、数据库应用程序。

（3）SQL 语句中的 create、insert、update、delete、select 命令。

（4）单表查询、多表查询。

（5）选择、连接、投影操作。

2. 常用语句

SQL 常用语句汇总如表 7-1 所示。

表 7-1　SQL 常用语句汇总

序号	SQL 语句	功能描述	格式及示例
1	create database	创建数据库	格式：create database 数据库名 示例：create database stud 说明：SQL 语句不区分大小写，使用英文标点符号，以下同
2	show databases	查看数据库	格式：show databases 说明：显示所有已创建的数据库名称
3	drop database	删除数据库及其中的表	格式：drop database 数据库名 示例：drop database stud 说明：永久删除，不可恢复
4	use	选择数据库	格式：use 数据库名 示例：use stud 说明：在对数据库进行建表等其他操作之前，必须通过 use 语句选定数据库，使其成为当前数据库
5	create table	创建数据表	格式： create table 表名 （ 　　字段名 1 数据类型， 　　字段名 2 数据类型， 　　　　⋮ 　　字段名 n 数据类型， 　　　　primary key(字段名,…) ）； 示例： create table sc （ 　　sno　　　　char(6)， 　　cno　　　　char(10)， 　　result　　　int(5)， 　　primary　key(sno,cno) ）； 说明： （1）primary key 用来定义数据表的主键/关键字 （2）括号中的数字表示数据类型长度

序号	SQL 语句	功能描述	格式及示例
6	show tables	查看数据表	格式：show tables； 说明：查看当前数据库中所有表名称
7	insert	插入数据	格式： insert into 表名(字段名 1,字段名 2,…) values（字段值 1,字段值 2,…）； 示例： insert into sc(sno,cno,result) values ('600101','1',95)； 说明： (1) 向表中插入一行新记录 (2) 字段名与字段值要一一对应
8	update	修改数据	格式： update 表名 set 字段名 1 = 字段值 1,字段名 2 = 字段值 2,… where 条件表达式； 示例： update sc set result = 98,co= '2' where sno = '600101'； 说明：根据条件修改指定的记录
9	delete	删除数据	格式： delete from 表名 where 条件表达式； 示例： delete from sc where sno = '600101'； 说明：根据条件删除指定的记录
10	select	从数据表中查询数据	格式： select 字段名 1,字段名 2,…,字段名 n from 表名 1,表名 2,…,表名 n where 条件表达式 order by 字段 desc/asc； 说明： (1) desc 表示查询结果按降序排列 (2) asc 表示查询结果按升序排列 示例 1： select sno, result from sc where cno = 3； 说明：从表中筛选出某些字段列,即投影操作 示例 2： select student. * , sc. * from student, sc where student. sno = sc. sno； 说明：通过连接操作,查询存放在多个表中的信息

【实验内容】

任务描述：建立学生管理信息系统，运用 MySQL 实现对学生信息的管理，具体包括三类信息：一是学生基本信息，包含学号、姓名、年龄、系别；二是成绩信息，包含学号、课程号、成绩；三是课程信息，包括课程号、课程名、学时、学分。要求创建该管理信息系统并实现对数据的添加、修改、删除和查询。

【实验环境准备】

1. 安装 XAMPP

实验环境采用 XAMPP 集成软件，XAMPP 是一个把 Apache 网页服务器与 PHP、Perl 及 MySQL 集合在一起的软件合集。使用 XAMPP 可以轻松通过 Web 方式或 MySQL 命令行方式访问、管理 MySQL 数据库。XAMPP 的 Windows 版是单独的安装文件，直接安装即可。

安装过程所有选项保持默认即可（建议安装到 D 盘根目录下）。安装过程结束后，在"开始"菜单下可以找到 XAMPP。可以使用 XAMPP 控制面板来启动/停止所有服务或安装/卸载所有服务，如图 7-1 所示。

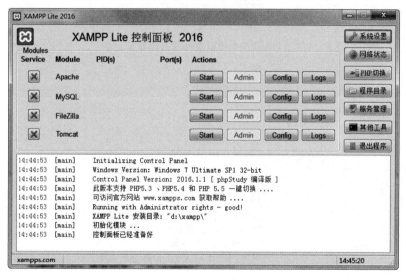

图 7-1 XAMPP 操作界面

2. 启动 MySQL 服务

使用 XAMPP 有两种方式访问和管理 MySQL 数据库：一是 Web 方式；二是命令行方式。

（1）Web 方式。启动步骤如下：①单击 MySQL 模块后面的 Start 按钮→单击后面的 Admin 按钮，打开 Web 登录页面，如图 7-2 所示；②在登录页面输入用户名和密码，均为 root，单击"执行"按钮，登录 phpMyAdmin，打开 MySQL 的 Web 页面。

（2）命令行方式。启动步骤如下：①单击 MySQL 模块后面的 Start 按钮→单击"其他工具"按钮→选择"MySQL 命令行"，如图 7-3 所示；②弹出登录窗口后，输入登录密码 root，显示出 MySQL 命令行提示符 mysql＞，则表明启动成功。

欢迎使用 phpMyAdmin

语言 - *Language*

中文 - Chinese simplified ∨

登录 ⑦

用户名: root

密码:

执行

图 7-2　Web 登录页面

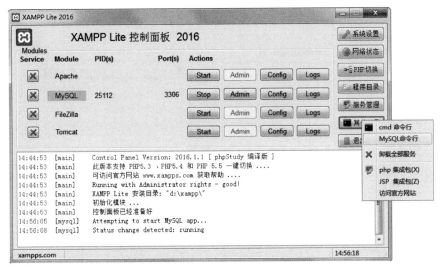

图 7-3　MySQL 命令行方式

【实验指导——Web 方式】

1. 创建一个数据库,命名为 stud_manage1

(1)启动 MySQL。具体操作见实验 7.1 中"2. 启动 MySQL 服务(1)Web 方式"内容,登录后界面如图 7-4 所示。

(2)创建数据库。单击页面右侧窗口中的"数据库"选项卡,打开创建数据界面,输入新建数据库的名字,单击"创建"按钮即可,如图 7-5 所示。

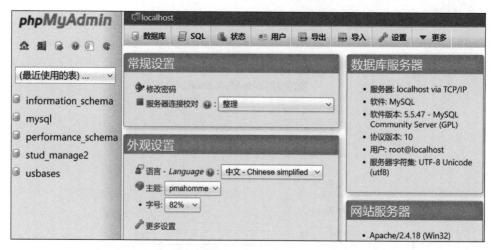

图 7-4　phpMyAdmin 登录后界面

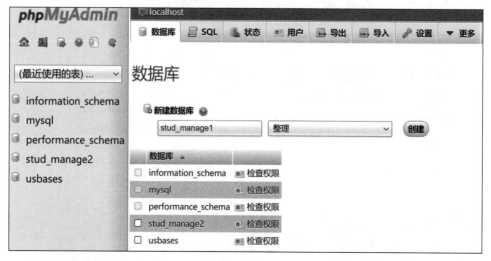

图 7-5　创建数据库界面

2. 创建三张数据表 student、sc、course

具体表结构如表 7-2～表 7-4 所示。以创建 student 表为例,具体步骤如下。

(1) 在"新建数据表"标签下,输入表名字 student,字段数为"5",单击"执行"按钮,如图 7-6 所示,弹出设置表结构界面,如图 7-7 所示。

(2) 在设置表结构界面中输入表结构信息,完成数据表的创建。

重复此操作,创建 sc、course 数据表。

【提示】　如果字段为主关键字,则将其索引值设置为 PRIMARY。

3. 在表 student、sc、course 中插入数据

表中的记录如表 7-5～表 7-7 所示。以插入 student 表中的记录为例,操作步骤如下。

(1) 单击 SQL 选项卡,打开 SQL 编辑窗口,如图 7-8 所示,在窗口中,输入 SQL 语句:

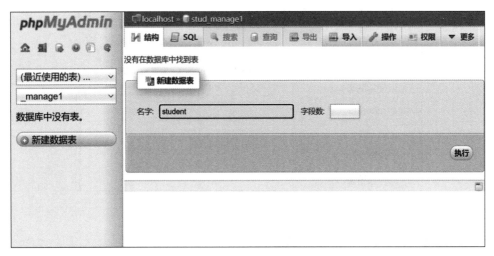

图 7-6　新建数据表界面

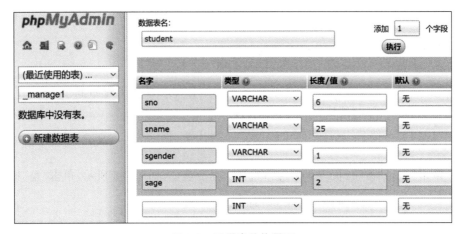

图 7-7　设置表结构界面

```
insert into student values
('600101','ZhangTao', 'M',19,'CS'),
('600102','SuWeimin', 'M',17,'CS'),
('600103','LiChao', 'M',17,'CS'),
('600201','ShenNing', 'F',18,'IS'),
('600202','YangLi', 'F',18,'IS') ,
('600203','ZhangLei', 'F',18,'IS') ,
('590310','LiYun', 'F',18,'MA') ;
```

（2）单击"执行"按钮，执行 SQL 语句。

重复此操作，在 sc、course 数据表中插入记录。

4. 修改数据

在 student 表中，更新 sno 为"600102"的学生信息，sage 更新值为"18"，sname 更新值为 SuWei。操作步骤如下。

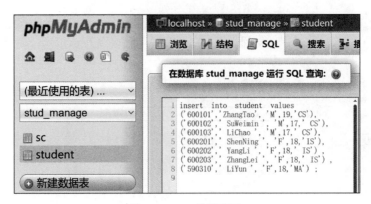

图 7-8　SQL 编辑窗口

（1）打开 SQL 语句"编辑"窗口，输入下面的语句。

```
update      student
set         sage=18,sname='suwei'
where       sno='600102';
```

（2）单击"执行"按钮，执行 SQL 语句。

5. 删除数据

在 student 表中，删除 sno 值为"590310"的学生记录。操作步骤如下。

（1）打开 SQL 语句"编辑"窗口，输入下面的语句。

```
delete from student where sno = '590310';
```

（2）单击"执行"按钮，执行 SQL 语句，弹出提示窗口，如图 7-9 所示，单击"是"按钮。

图 7-9　删除数据提示窗口

6. 查询数据

（1）查询系别为 CS 的学生全部信息。

操作步骤：打开 SQL 语句"编辑"窗口，输入下面语句并执行。

```
select  *                              //*代表所有字段
from    student
where   dno='CS';
```

运行结果如图 7-10 所示。

（2）查询选修 2 号课学生的学号及成绩，按成绩降序排列。

操作步骤：打开 SQL 语句"编辑"窗口，输入下面语句并执行。

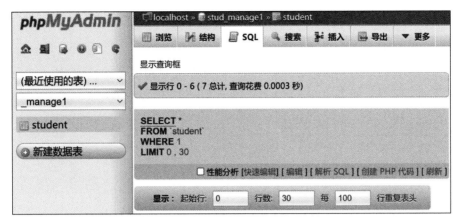

图 7-10 查询数据窗口

```
select        sno, result
from          sc
where         cno = '2'
order by result desc;                              // desc 按降序排列
```

（3）查询每名学生的信息及其选课情况。

操作步骤：打开 SQL 语句"编辑"窗口，输入下面语句并执行。

```
select        student.*, sc.*
from          student, sc
where         student.sno = sc.sno;
```

（4）查询选修 3 号课程且成绩在[90,100]区间的所有学生的学号和成绩。

操作步骤：打开 SQL 语句"编辑"窗口，输入下面语句并执行。

```
select    sno, result
from      sc
where     cno = '3' and result between 90 and 100;
```

（5）查询选修 3 号课程且成绩在 60 分以下的所有学生的学号、姓名、队别、课程信息。

操作步骤：打开 SQL 语句"编辑"窗口，输入下面语句并执行。

```
select    student.sno, student.sname,sc.dno,sc.result
from      student, sc
where     student.sno = sc.sno and sc.cno = '3' and sc.result<60;
```

（6）查询每个学生的学号、选修课程名及成绩。

操作步骤：打开 SQL 语句"编辑"窗口，输入下面语句并执行。

```
select    student.sno, course.cname, sc.result
from      student, sc, course
where     student.sno = sc.sno and sc.cno = course.cno;
```

【实验指导—MySQL 命令行方式】

1. 创建一个数据库,命名为 stud_manage

(1) 启动 MySQL。具体操作见实验 7.1 中"2. 启动 MySQL 服务 (2)MySQL 命令行方式"。

(2) 创建数据库。创建 stud_manage 数据库的 SQL 语句如下:

```
create database stud_manage;
```

✍小贴士

SQL 语句一般以英文分号结尾。

SQL 语句不区分大小写。

SQL 语句可写在一行或多行,一般语句复杂时,建议写成多行。

(3) 查看数据库。创建数据库后,可以查看数据库,SQL 语句及执行结果如下:

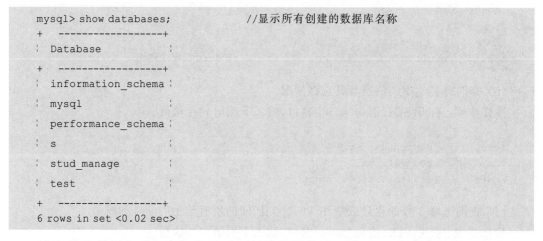

```
mysql> show databases;              //显示所有创建的数据库名称
+ ------------------+
| Database         |
+ ------------------+
| information_schema |
| mysql            |
| performance_schema |
| s                |
| stud_manage      |
| test             |
+ ------------------+
6 rows in set <0.02 sec>
```

可以看到,数据库列表中包含了刚刚创建的数据库 stud_manage 和其他已存在的数据库。

(4) 删除数据库。数据库删除后,数据库中所有数据一并被删除,无法恢复,此操作需慎用。因此,建议在完成所有的实验内容之后,再练习删除数据库操作。

删除 stud_manage 的 SQL 语句如下:

```
drop database stud_manage;
```

2. 创建三张数据表 student、sc、course

(1) 选定数据库。选定 stud_manage 数据库的 SQL 语句及执行结果如下:

```
mysql>use stud_manage;
Database changed
```

✍小贴士

在对数据库进行建表等其他操作之前,必须先选定该数据库,使其成为当前数据库,后续才能在该数据库中进行相关操作。

（2）创建学生数据表 student。在创建数据表的时候,除了需要明确表名、表的字段外,还需要明确各个字段的数据类型以及表的主键。student 表结构如表 7-2 所示。

表 7-2　student 表结构

字段名	数据类型	备　注
sno	char(6)	字段含义:学号(设置为主键) 数据类型:字符串类型,显示的数据宽度为 6 列
sname	char(25)	字段含义:姓名
sgender	char(1)	字段含义:性别
sage	int(2)	字段含义:年龄 数据类型:整型,显示的数据宽度为 2 列
dno	char(10)	字段含义:系别

创建 student 表的 SQL 语句如下:

```
create table student
(
  sno        char(6),
  sname      char(25),
  sgender    char(1),
  sage       int(2),
  dno        char(10),
  primary    key(sno)            //设置主键,注意末尾无逗号
);
```

✔小贴士

在 MySQL 中,表名和字段名一般建议使用英文名,便于操作。

主键:唯一标识一条记录的一个或多个字段。每个表至少设置一个主键。

语句中各字段之间用英文逗号分隔。

（3）创建成绩数据表 sc。sc 表结构如表 7-3 所示。

表 7-3　sc 表结构

字段名	数据类型	备　注
sno	char(6)	字段含义:学号(设置为主键)
cno	char(10)	字段含义:课程号(设置为主键)
result	int(5)	字段含义:课程成绩

创建 sc 表的 SQL 语句如下:

```
create table sc
(
  sno        char(6),
  cno        char(10),
  result     int(5),
  primary    key(sno,cno)
);
```

（4）创建课程数据表 course。course 表结构如表 7-4 所示。

表 7-4　course 表结构

字段名	数 据 类 型	备　　注
cno	char(10)	字段含义：课程号（设置为主键）
cname	char(25)	字段含义：课程名
chours	int(3)	字段含义：课时
ccredit	int(3)	字段含义：学分

创建 course 表的 SQL 语句如下：

```
create table course
(
  cno         char(10),
  cname       char(25),
  chours      int(3),
  ccredit     int(3),
  primary     key(cno)
);
```

3. 在表 student、sc、course 中插入数据

student 表中的记录如表 7-5 所示。

表 7-5　student 表中的记录

sno	sname	sgender	sage	dno
600101	ZhangTao	M	19	CS
600102	SuWeimin	M	17	CS
600103	LiChao	M	17	CS
600201	ShenNing	F	18	IS
600202	YangLi	F	18	IS
600203	ZhangLei	F	18	IS
590310	LiYun	F	18	MA

插入数据的 SQL 语句如下：

```
insert into student values
('600101','ZhangTao', 'M',19,'CS'),
('600102','SuWeimin', 'M',17,'CS'),
('600103','LiChao', 'M',17,'CS'),
('600201','ShenNing', 'F',18,'IS'),
('600202','YangLi', 'F',18,'IS') ,
('600203','ZhangLei', 'F',18,'IS') ,
('590310','LiYun', 'F',18,'MA') ;                    //注意末尾的分号
```

语句执行完毕，可以通过以下语句查看结果。

```
mysql> select * from student;
```

小贴士

字段名与字段值要一一对应且数据类型一致。

当字段值的类型、顺序及数量与表中完全相同时，insert 语句中的字段名可以省略。
例如：

```
insert into student values ('600101','ZhangTao', 'm',19,'CS');
```

当 insert 语句一次添加多条记录时，在每个值列表之间用逗号分隔。

sc 表中的记录如表 7-6 所示。

表 7-6　sc 表中的记录

sno	cno	result
600101	1	95
600101	2	70
600102	1	56
600102	3	58
600103	3	93
600201	2	56
600202	3	80
600203	2	75
590310	1	80

course 表中的记录如表 7-7 所示。

表 7-7　course 表中的记录

cno	cname	chours	ccredit
1	Computer	54	3
2	English	180	4
3	Math	120	4

小贴士

在 sc、course 数据表中插入数据的 SQL 语句与上面的语句类似。

4. 修改数据

在 student 表中，更新 sno 为"600102"的学生信息，sage 更新值为"18"，sname 更新值
为 SuWei，SQL 语句如下：

```
update      student
set         sage=18,sname='SuWei'
where       sno='600102';
```

语句执行完毕，查看执行结果。

```
mysql> select * from student where sno='600102';
```

小贴士

在 update 语句中,通过 where 子句,将满足条件的记录进行修改,如果忽略 where 子句,MySQL 将更新表中所有的记录。

5. 删除数据

在 student 表中,删除 sno 值为"590310"的学生记录。SQL 语句如下:

```
delete from student where sno = '590310';
```

语句执行完毕,查看执行结果。

```
mysql>select * from student where sno= '590310';
empyt set (0.06 sec)              //查询结果为空,说明删除操作成功
```

小贴士

delete 语句中,如果没有 where,则删除表中所有记录。例如,删除 sc 表中所有学生的选课记录的 SQL 语句为 delete from sc。

6. 查询数据

(1) 查询系别为 CS 的学生的全部信息。

SQL 语句及执行结果如下:

```
select    *                    //*代表所有字段
from     student
where    dno='CS';
```

(2) 查询选修 2 号课学生的学号及成绩,按成绩降序排列。

SQL 语句如下:

```
select     sno, result
from       sc
where      cno = '2'
order by   result desc;         //desc 按降序排列
```

(3) 查询每名学生的信息及其选课情况。学生信息和选课信息在不同表中存储,如果查询多表中的关联信息,则需要进行连接操作。连接条件为 student. sno = sc. sno。SQL 语句如下:

```
select     student.*, sc.*
from       student, sc
where      student.sno = sc.sno;
```

(4) 查询选修 3 号课程且成绩在[90,100]区间的所有学生的学号和成绩。在条件中限定查询范围时,使用 between...and...运算符,该操作需要设置两个参数,即范围的开始值和结束值。同时,该查询需要满足两个条件,需要使用 and 运算符连接两个条件。SQL 语句如下:

```
select      sno, result
from        sc
where       cno = '3' and result between 90 and 100;
```

小贴士

使用 select 查询时，可以增加查询的限定条件，这样可以使查询结果更加精确。MySQL
中可以使用逻辑运算符、比较运算符和范围运算符。常用运算符汇总如表 7-8 所示。

表 7-8　常用运算符汇总

类　　别	运　算　符	作　　用
逻辑运算符	and	并且，即同时满足所有查询条件
	or	或者，即需要满足其中一个查询条件
	not	非，即将查询条件取反
比较运算符	=、>、>=、<、<=、!=	略
范围运算符	between … and …	用来查询某个范围内的值。 例如：查询成绩在[90,100]区间的记录。 查询条件可以表示为 where result between 90 and 100; 说明：between … and …运算符前可以加 not，表示指定范围之外的值。例如： where result not between 90 and 100; 说明：查询条件表示查询成绩不在[90,100]区间的记录

（5）查询选修 3 号课程且成绩在 60 分以下的所有学生的学号、姓名、队别、课程信息。
首先需要将 student 和 sc 进行连接操作，然后进行选择操作，最后进行投影操作。SQL 语
句如下：

```
select      student.sno, student.sname,sc.dno,sc.result
from        student, sc
where       student.sno = sc.sno and sc.cno = '3' and sc.result<60;
```

（6）查询每个学生的学号、选修课程名及成绩。学号、选修课程名和成绩分别在
student、sc、course 三个表中，因此需要将三个表进行连接操作，连接条件为 student. sno =
sc. sno and sc. cno = course. cno。SQL 语句如下：

```
select      student.sno, course.cname, sc.result
from        student, sc, course
where       student.sno = sc.sno and sc.cno = course.cno;
```

【实战练习】

（1）数据库中已有 student 表，如图 7-11 所示。请使用 SQL 语句增加一条记录，学号
1005，姓名李易之，年龄 18。

student		
学号	姓名	年龄
1001	李明	18
1002	赵帆	19
1003	王强	18

图 7-11　student 表

(2) 在 student 表中将学号为"1005"的学生年龄修改为 19,请写出 SQL 语句。

(3) 在 student 表中删除姓名为"李易之"的记录,请写出 SQL 语句。

(4) 数据库中已有学生表和专业表,如图 7-12 和图 7-13 所示。查询学生表中的学号、姓名、民族三个字段的内容,并按学号升序排列,请写出 SQL 语句。

学生表

学号	姓名	民族	高考成绩	专业号
301206	李明	汉族	576	1
30105	张伟	汉族	550	1
301402	刘帅	回族	588	2
301207	赵国庆	汉族	591	2
301504	王明亮	汉族	560	1

图 7-12　学生表

专业表

专业号	专业名称
1	网络工程
2	软件工程

图 7-13　专业表

(5) 查询学生表中"高考成绩"在[570,590]区间的所有学生的学号、姓名和高考成绩,请写出相应的 SQL 语句。

(6) 查询所有学生的学号、姓名及专业名称,请写出 SQL 语句。

(7) 创建数据库,完成相应的增、删、改、查操作,具体要求如下。

① 创建数据库 stud_manage。

② 创建 student 表和 sc 表的结构。sc 表的属性有学号(sno)、姓名(sname)、系别(dno)。sc 的属性有学号(sno)、课程号(cno)、成绩(result)。

③ 在 student 表中插入如下三条记录('001','Tom','cs')、('002','Jack','is')、('003','Jerry','cs'),请写出 SQL 语句。

④ 在 sc 表中插入如下三条记录('001','1',95)、('002','2',80)、('003','1',85),请写出 SQL 语句。

⑤ 查询 cs 系学生全部信息,请写出 SQL 语句。

⑥ 查询选修 1 号课程学生的学号、成绩,并按成绩降序,请写出 SQL 语句。

⑦ 查询选修 1 号课程且成绩在 90 分以上的所有学生的姓名、成绩,请写出 SQL 语句。

⑧ 在 student 表中,更新 sno 为"001"的学生信息,dno 为 is,sname 为 Marry,请写出 SQL 语句。

⑨ 在 student 表中,删除 sno 值为"001"的学生记录,请写出 SQL 语句。

*7.2　实验 2: Python 拓展之数据库访问

【实验目标】

* 体验通过 Python 访问和管理 MySQL 数据库的过程。

【实验内容】

通过第三方库 PyMySQL，实现对 MySQL 数据库进行访问与数据管理。

【实验指导】

1. 在线安装 PyMySQL 库

在命令提示符下输入 pip install pymysql。

2. 启动 MySQL

启动 MySQL 界面如图 7-14 所示，单击 MySQL 模块后面的 Start 按钮即可启动 MySQL。

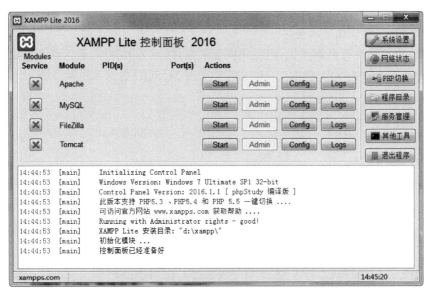

图 7-14　启动 MySQL 界面

3. 用 Python 程序测试 PyMySQL 库是否安装成功

Python 程序如下：

```python
#测试连接数据库.py
#导入第三方库
import pymysql
#创建数据库连接
cnn=pymysql.connect(host='localhost', user='root', passwd='root', charset='gbk')
#显示主机信息
print(cnn.get_host_info())
```

显示第三方库安装成功的界面如下：

```
>>>
==============RESTART:D:/测试连接数据库.py==============
socket localhost:3306
>>>
```

4. 利用 PyMySQL 库,通过 Python 编程访问和管理 MySQL

(1) 利用 PyMySQL 库,通过 Python 编程管理 MySQL 的一般步骤,如图 7-15 所示。

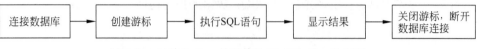

图 7-15　通过 Python 编程管理 MySQL 的一般步骤

① 连接数据库。

② 创建游标。PyMySQL 库利用游标执行 SQL 语句,使用前需要先创建。

③ 执行 SQL 语句。利用游标执行相应的 SQL 语句,实现相应操作。

④ 显示结果。通过相关函数显示存储在游标中的 SQL 语句执行结果。

⑤ 关闭游标,断开数据库连接。

若 SQL 语句是进行更新操作,则要先提交结果,然后关闭游标,最后断开连接。

(2) 利用 PyMySQL 库,通过 Python 编程实现 MySQL 数据库更新步骤。

```python
#更新数据库.py
#Step1：导入第三方库
import pymysql
#Step2：建立数据库连接
conn=pymysql.connect(host='localhost',user='root',password='root',
                     database='stud_manage',charset='gbk')
#Step3：创建游标
cur=conn.cursor()
#Step4：显示更新前原始数据,通过游标和 fetchall 函数获取全部数据
cur.execute("select * from student")
print("原始数据")
print(cur.fetchall())
#Step5：使用游标执行插入操作
cur.execute("insert into student values ('600104','ZhaoMing','M',18,'CS') ")
#Step6：使用游标执行修改操作
cur.execute("update student set sage = 17 where sno = '600103'")
#Step7：使用游标执行删除操作
cur.execute("delete from student where sno='600101'")
#Step8：执行查询 SQL 语句
cur.execute("select * from student")
#Step9：显示结果
print("更新后数据")
print(cur.fetchall())
#Step10：提交结果,否则无法保存插入或者修改的数据
conn.commit()
#Step11：关闭游标
cur.close()
#Step12：断开连接
conn.close()
```

程序运行结果如下：

```
原始数据
(('600101','ZhangTao','M',19,'CS'),'600102','SuWei','M',18,'CS'),('600103',
'LiChao','M',19,'CS'),('600201','ShenNing','F',18,'IS'),
('600202','YangLi','F',18,'IS'),('600203','ZhangLei','F',18,'IS'))
更新后数据
(('600102','SuWei','M',18,'CS'),('600103','LiChao','M',17,'CS'),
('600201','ShenNing','F',18,'IS'), ('600202','YangLi','F',18,'IS'),
('600203','ZhangLei','F',18,'IS'),('600104','ZhaoMing','M',18,'CS'))
```

以上 Python 程序代码补充说明如下。

① Step2 中，利用 connect 函数连接数据库，其中 localhost 表示本地机器，user 表示用户名，password 表示登录密码，database 表示需要连接的数据库名称，charset 表示字符集。建立连接后，将产生的对象赋值给变量 conn，conn 表示与 MySQL 的一个连接。

② Step3 中，利用 cursor 函数创建一个游标，赋给变量 cur，利用 cur 可以执行相关的 SQL 语句和查看执行结果。

③ Step4 中，利用游标 cur 和 execute 函数执行 insert 插入语句。与 MySQL 语句稍微不同的是，execute 函数中的 SQL 语句末尾的分号可有可无。

【实战练习】

设计一个简单的教学管理信息系统，管理的数据表包括两个，即课程信息表 course 和教师信息表 teacher，各数据表结构如表 7-9 和表 7-10 所示。

表 7-9　course 表结构

字　段　名	字 段 说 明	数 据 类 型	主键
course_id	课程编号	CHAR(20)	是
course_name	课程名称	CHAR(20)	否
teacher_id	任课教师编号	CHAR(20)	否

表 7-10　teacher 表结构

字　段　名	字 段 说 明	数 据 类 型	主键
teacher_id	教师编号	CHAR(20)	是
teacher_name	教师姓名	CHAR(20)	否
title	教师职称	CHAR(20)	否

该教学管理信息系统包含如下功能：①添加课程、教师信息；②删除课程、教师信息；③修改课程、教师信息；④查询课程、教师信息，如根据教师姓名查询该教师教授的课程名称，根据课程编号查询任课教师的姓名和职称。

第 8 章　多媒体技术基础

多媒体技术从三个方面影响着当今社会生活：一是作为"信息时代"的警时钟，影响和改变着人们的观念；二是作为"信息社会"的积极分子，介入经济、通信、教育、科技等各个领域；三是作为"学习型社会"新的传播手段，影响和改变着人类的学习生活方式。

【写在前面的话】

Adobe Photoshop 简称"PS"，由 Adobe Systems 开发，是当前功能最为强大的图像处理软件之一。Photoshop 主要处理以像素构成的数字图像，使用其众多的编修与绘图工具，可以完成图像编辑、图像合成、校色调色及特效制作等工作。

会声会影是加拿大 Corel 公司制作的一款功能强大的视频编辑软件，正版英文名为 Corel VideoStudio。会声会影操作简单、功能丰富，适合初学者日常使用，通过完整的影片编辑流程解决方案，可以获得更为丰富的视觉、听觉享受。

通过本章实验，学生应掌握运用 Adobe Photoshop CS4 和会声会影 2022 软件，进行数字图像处理和视、音频文件编辑的基本方法。

【教与学的建议】

教的建议：采用案例驱动教学法，将知识点融入具体案例中，介绍 Photoshop 常用工具、图层操作和滤镜处理等内容；以会声会影的实际工作流程为主线，循序渐进地讲解获取素材、编辑素材、添加特效直至输出文件的全部过程；实战练习巩固。

学的建议：课前，利用网络搜集素材，安装并熟悉 Adobe Photoshop CS4 和会声会影 2022 的操作界面和基本功能。课上，按照实验任务、实验内容和操作步骤完成实践操作，达到教学目标。课后，充分发挥想象力和创造力，完成实战练习题。

8.1　实验 1：数字图像处理

【实验目标】

（1）熟悉 Photoshop 图像处理软件的工作环境。
（2）区分不同的图像格式并按照需求进行转换。
（3）选用恰当的工具箱工具进行图像处理。
（4）运用图层、蒙版、通道进行图像设计与处理。

（5）运用滤镜、色彩调整等方法对图像进行艺术加工。

【知识梳理】

1. 修改工作区大小

在 Photoshop 中，用来对图像进行编辑操作的区域称为工作区。可以在不改变图像大小的情况下，改变工作区大小。选择菜单栏中的"图像"→"画布大小"，弹出"画布大小"对话框，如图 8-1 所示，输入画布需要调整的尺寸。

2. 调整图像的尺寸和分辨率

（1）选择菜单栏中的"图像"→"图像大小"，弹出"图像大小"对话框，如图 8-2 所示。

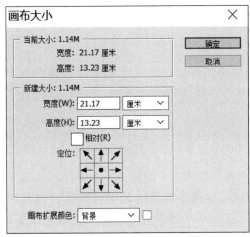

图 8-1　"画布大小"对话框

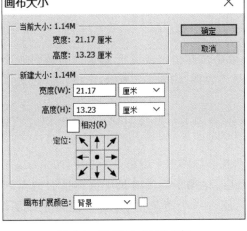

图 8-2　"图像大小"对话框

（2）在"图像大小"对话框中设置像素数、图像宽度、高度及分辨率。如果选中"约束比例"复选框，则在改变图像的宽度或高度时，系统会按比例同时调整图像的高度和宽度。

3. 常用图像格式

Photoshop 制作好的图片保存格式推荐以下三种。

（1）psd 格式：Photoshop 源文件格式，可以保存图片的各个图层，如需继续修改，可直接在具体图层中操作。

（2）jpg 格式：常规的图片格式，在保存时能够选用不同的文件品质以获得相应大小的图像文件。

（3）png 格式：该格式的图片优点是不会自动填充背景。如果在 psd 文件中背景层是透明的，则在存储为 png 格式时，会生成透明背景的图像文件。

小贴士

在 PPT 中插入图片时，我们希望图片背景是透明的，但通常 jpg 格式的文件会自动填充为白色背景，因此需要将其制作成 png 格式的文件，jpg 格式文件和 png 格式文件对比如图 8-3 所示。以笑脸表情图为例，制作方法如下。

（1）用磁性套索或其他工具选取圆形笑脸区域，按 Ctrl＋C 组合键复制选区。

（2）按 Ctrl＋N 组合键新建一个 psd 文件。注意：在"新建"对话框中，将"背景内容"选为"透明"。

（3）按 Ctrl＋V 组合键将选取好的笑脸粘贴到背景透明的新文件中。

（4）选择菜单栏中的"文件"→"另存为"，在保存类型中选择 png 格式即可。

图 8-3　文件格式效果对比

4. 图层面板

图层是 Photoshop 构成图像的基础要素，就像是含有文字或图形等元素的透明玻璃，一张张有序地叠放在一起，组合起来形成图像的最终效果，如图 8-4 所示，图层可以是文本、图形、图片等内容，并且可以单独编辑每个图层。

图 8-4　图层面板

（1）区分背景层、普通图层、文字图层和当前图层。

① 背景层：如图 8-4 中标注"背景"两个字的图层就是背景层，相当于绘图时最下层不透明的画纸，一幅图像只能有一个背景层，并且不能调整图层顺序。在图层面板中双击背景层，可将其转换成普通图层。

② 普通图层：如图 8-4 图层面板中的图层 1 和图层 2，可以通过鼠标拖曳的方式来调整各图层之间的顺序。

③ 文字图层：文字图层的缩略图是一个"T"字，可随时使用文字工具编辑图层中的文字，但文字图层不能使用滤镜操作，需要将其栅格化为普通图层后再使用滤镜操作。但是，转换为普通图层后，其中的文字不可再编辑。在文字图层上使用右键快捷菜单，选择"栅格化文字"即完成转换。

④ 当前图层：当前选择的图层，将出现高亮显示条。在对图像进行处理时，任何编辑操作将在当前图层中进行。注意：在编辑操作前，应先明确好当前图层。

（2）新建图层。单击图层面板下方的"创建新图层"按钮 ▣，可以新建一个透明图层。提示：为了便于编辑，最好将每个元素单独放置一个图层。

（3）选取图层内容。按住 Ctrl 键，再单击某个图层，可将图层中所有内容以选区方式再次载入。

（4）删除图层。单击图层面板下方的"删除图层"按钮 ▣，可以删除当前图层。

（5）调整图层顺序、可见性和图层透明度。可以使用鼠标拖曳的方式调整各图层之间的顺序；单击图层前面的图标 ，可以选择该图层是否可见；可在图层面板右上方设置当前图层的不透明度。

（6）设置图层混合模式。使用图层混合模式，可设置当前图层与它下面的图层叠合在一起的混合效果，如图8-5所示。

（7）添加图层样式。选定图层，单击图层面板下方的"添加图层样式"按钮（_fx_ 按钮），可设置阴影、浮雕等特殊效果。

（8）合并图层。单击图层面板右上方的按钮，在快捷菜单中可以将图层按需求进行合并。

图 8-5　图层混合模式

5. 建立选区的 5 种方法

方法1：使用工具箱中的选框工具，如图8-6所示。选框工具主要用来选择矩形区域、椭圆形区域、单行或单列（1像素宽的行和列）这一类形状较规则的区域。使用选框工具时，可以在工具选项栏中指定选择方式：新选区 、添加到选区 、从选区减去 和选区交叉 。另外，使用矩形或椭圆选框工具时，按住 Shift 键可将选框限制为正方形或正圆形。

方法2：使用工具箱中的魔棒工具 。魔棒工具主要用来选择颜色相似的区域。魔棒的作用是获取鼠标点选的像素点的颜色值，并自动获取附近区域（连续或不连续）相同的颜色，使它们处于选择状态。并且可以在"工具选项栏"中指定选择方式和选区的容差，其值是0～255的整数。容差越大，图像颜色的接近度就越小，选择的区域也相对变大。

方法3：使用工具箱中的套索工具，如图8-7所示。套索工具常用于选择不规则的复杂区域；"多边形套索工具"常用于选取棱角分明、边缘呈直线的区域；"磁性套索工具"常用于选择制作边缘比较清晰、与背景颜色相差较大的区域。

图 8-6　选框工具

图 8-7　套索工具

方法4：使用工具箱中的钢笔工具，如图8-8所示。钢笔工具可用于绘制任意的形状，切换到"路径面板"，如图8-9所示，单击下方的"将路径作为选区载入"。

图 8-8　钢笔工具

图 8-9　路径面板

方法5:使用铅笔工具和快速蒙版,增加或减少不规则的选区。在保持当前选区的前提下,单击工具箱底部的"以快速蒙版模式编辑" 🔲 工具,从正常编辑模式进入快速蒙版编辑模式,将前景色设置为白色(单击工具箱中的"设置前景色"进行设置),选择"铅笔工具",根据需要将未被选中的部分涂成白色,达到增加选区的目的;同理,若用黑色绘画,可以减少选区。再次单击"以标准模式编辑",恢复到普通编辑模式状态。

8.1.1 更换图片背景

【实验内容】

任务描述:将图 8-10 中故宫一角上方的灰白天空替换成蓝天白云,效果如图 8-11 所示。

图 8-10 原图

图 8-11 效果图

【实验指导】

1. 制作要点

调整图像亮度和大小、调整图层顺序、使用蒙版进行图层融合。

2. 设计步骤

(1) 打开图片"故宫一角.jpg"和"蓝天白云.jpg"两个文件。

(2) 调整图像亮度。对"故宫一角.jpg"图片进行亮度调整。选择菜单栏中的"图像"→"调整"→"亮度/对比度",根据需要设置参数,如图 8-12 所示。

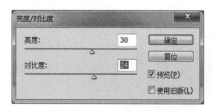

图 8-12 亮度/对比度设置

(3) 选择"蓝天白云.jpg"文件,按 Ctrl+A 组合键将图片全部选中,按 Ctrl+C 组合键进行复制,切换到"故宫一角.jpg"图片,然后按 Ctrl+V 组合键进行粘贴。

(4) 调整图片大小。选中图层 1(即蓝天白云所在图层),选择菜单栏中的"编辑"→"变换"→"缩放",进行大小调整。

(5) 调整图层顺序。双击背景层,将"故宫一角"背景层转换为图层 0,此时该图层右侧的锁头标志消失,背景层转换为图层 0,并将其拖曳至图层 1 上方。

(6) 添加图层蒙版。选中图层 0,单击图层面板下方的"添加图层蒙版"按钮,如图 8-13 所示,为图层 0 添加图层蒙版。

(7) 选中图层蒙版,即图 8-14 中的红色矩形框区域,说明当前编辑的对象是蒙版,而不是图层里的内容;然后将前景色设置为黑色,用工具箱中的画笔工具在图层蒙版上涂抹。

图 8-13 "添加图层蒙版"按钮

图 8-14 选中图层蒙版

小贴士

蒙版是一种选区,但它跟常规的选区不同。常规的选区表现了一种操作趋向,即对所选区域进行处理;而蒙版相反,它是对所选区域进行保护,让其免于操作,并对非掩盖的区域应用操作。通俗地说,PS 的图层蒙版中只能用黑色、白色及其中间的过渡色(灰色)。在蒙版中用黑色画笔涂抹的区域就是蒙住当前图层的内容,显示出下面图层的内容来;蒙版中用白色画笔涂抹则是要保留当前图层的内容;蒙版中的灰色则是半透明状,即下面图层的内容若隐若现。

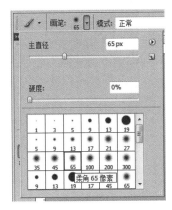

为了使涂抹区域边缘柔和过渡,最好使用柔角笔触,如图 8-15 所示;涂抹的区域是灰色天空部分,目的是用黑色画笔擦除灰色天空,进而显示出下面图层中的蓝天白云。

图 8-15 画笔参数设置

最终图层面板和图像效果分别如图 8-16(a)和图 8-16(b) 所示。

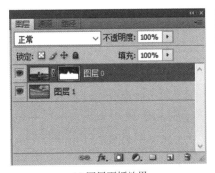

(a)图层面板效果

(b)图像效果

图 8-16 最终效果图

8.1.2　制作宣传展板

【实验内容】

　　任务描述：利用"歼 20.jpg"和"长城.jpg"两幅图片,制作宣传展板。

【实验指导】

　　1. 制作要点
　　图层蒙版、文字工具、魔棒工具、添加图层样式、图像透视效果。
　　2. 设计步骤
　　(1) 分别打开"飞机.jpg"和"长城.jpg"两个素材文件。
　　(2) 将"飞机.jpg"图像复制粘贴到"长城.jpg"图像中,选择菜单栏中的"编辑"→"变换"→"缩放",适当调整飞机图层,使其与长城图层大小相匹配。图像效果和图层面板效果分别如图 8-17(a)和图 8-17(b)所示。

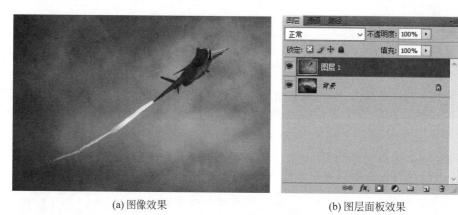

(a) 图像效果　　　　　　　　　　　　　　(b) 图层面板效果

图 8-17　添加图层蒙版前

　　(3) 选中"图层 1",单击"图层面板"下方的"添加图层蒙版"按钮 ，为该图层添加图层蒙版。
　　(4) 选择工具箱中的"渐变工具" ，在工具选项栏中单击渐变颜色色块,设置渐变颜色为"黑,白渐变",渐变类型为"线性渐变"。此时鼠标指针呈"十"字,按住鼠标左键,从图像编辑区的右下角向左上角拖动,为"图层 1"添加了黑白渐变蒙版,使飞机和长城渐变式融合在一起。图像最终的效果和图层面板的效果分别如图 8-18(a)和图 8-18(b)所示。
　　(5) 编辑文字。选择工具箱中的"文字工具" ，在上方的工具选项栏中更改文字颜色、字体和大小,在恰当的位置单击鼠标并输入文字,此时,自动创建一个文字图层。
　　(6) 为文字图层添加图层样式。确认文字图层为当前图层,单击图层面板下方的"添加图层样式"按钮(按钮),在菜单中选择"投影"命令,设置相应参数,效果如图 8-19(a)和图 8-19(b)所示。最终效果如图 8-20 所示。

(a) 图像效果　　　　　　　　　　(b) 图层面板效果

图 8-18　添加图层蒙版和黑白渐变后

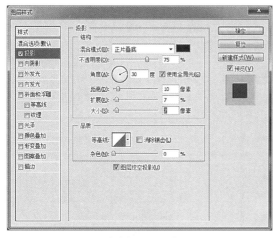

(a) 文字投影效果选项　　　　　　　(b) 图层面板效果

图 8-19　为文字图层添加图层样式

图 8-20　最终效果图

8.1.3 修改证件照底色

【实验内容】

　　任务描述：将红底证件照修改成蓝底证件照。

【实验指导】

　　1. 制作要点

　　调整图像像素和分辨率、新建图层、填充颜色、使用背景橡皮擦工具进行细致擦除。

　　2. 设计步骤

　　（1）打开"证件照红底.jpg"文件，修改图像大小。将证件照设置为 2 000×2 800 像素，分辨率为 300dpi，如图 8-21 所示。

　　（2）新建图层、调整图层顺序。在图层面板中双击背景层，将其转换为普通图层。新建一个图层 1，并将其拖曳至图层 0 下方，如图 8-22 所示。

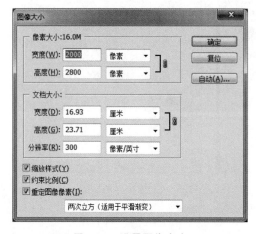

图 8-21　设置图像大小

图 8-22　新建图层、调整图层顺序

　　（3）为图层 1 填充蓝色背景。在工具栏最下方单击"设置前景色"色块，在弹出的对话框中将前景色设置为蓝色（R：67 、G：142 、B：219），如图 8-23 所示。如果要修改为红色，则将前景色设置为 R：210 、G：10 、B：10。选择菜单栏中的"编辑"→"填充"，选择使用前景色填充图层 1，效果如图 8-24 所示。

　　（4）删除红色背景。选中图层 0，使用魔棒工具（设置容差为 50，消除锯齿，不连续），将图层 0 中的红色区域选中并删除，此时蓝色背景显露出来。但将图像放大后发现，人像边缘仍有少部分红色尚未去除，如图 8-25 所示，下面用背景橡皮擦工具进行细致处理。

　　（5）擦除红色边缘。背景橡皮擦工具原理：背景橡皮擦将保护与前景色一致的区域，擦去与背景色不一致的区域。因此，需要将前景色设置为黑色头发部分，将背景色设置为要去除的发丝中的红色。

图 8-23　修改前景色颜色

图 8-24　使用前景色填充"图层 1"

图 8-25　红色背景残留

小贴士

为了取色更加精确,处理前需将图像放大。取色操作如下:在工具箱中选取前景色色块,弹出"拾色器(前景色)"对话框,将鼠标移动到黑色头发区域,用吸管单击进行取色。同理,选取背景色色块。设置好的前景色和背景色色块如图 8-26(a)所示。选择背景橡皮擦工具并设置相应的选项,如图 8-26(b)和图 8-26(c)所示。

(a)前景色和背景色设置　　　　(b)背景橡皮擦工具

(c)背景橡皮擦工具选项

图 8-26　使用背景橡皮擦工具

用背景橡皮擦在头发边缘进行涂抹,即可消除残留的红色背景。图像最终效果图和图层面板分别如图 8-27(a)和图 8-27(b)所示。

(6)存储文件。选择菜单栏中的"文件"→"存储为",选择文件格式为 jpg,命名为"证件照蓝底"。

(a) 图像效果   (b) 图层面板

图 8-27 最终效果

8.1.4 制作图片特效

【实验内容】

任务描述：使用 PS 滤镜制作图片的特殊效果。

【实验指导】

滤镜是遵循一定的程序算法,对图像中像素的颜色、亮度、饱和度、对比度、色调、分布、排列等属性进行计算和变换处理,其结果是使图像产生特殊效果。

1. 风格化滤镜

"风格化"滤镜组通过置换像素和查找,增加图像的颜色对比度,从而在图像或选区上产生夸张的绘画或印象派的艺术效果。

(1)打开"徽章.jpg"图像文件,利用"魔棒工具"和"选择"菜单下的"反向"命令,选中徽章区域(魔棒工具的使用方法详见"知识梳理"部分)。

(2)依次选择菜单栏中的"滤镜"→"风格化"→"浮雕效果",在弹出的"浮雕效果"对话框中设置:角度-27度,高度3,数量100。原图像与效果图分别如图 8-28(a)和图 8-28(b)所示。

(a) 原图像   (b) 最终效果

图 8-28 "浮雕效果"滤镜的应用

2. 模糊滤镜

"模糊"滤镜组用来对边缘过于清晰或对比过于强烈的区域进行模糊处理,起到柔化图像的作用。"模糊"滤镜组除了能够修饰图像的不足,还可以给图像增加具有速度感的运动效果,常用的效果有动感模糊、高斯模糊、径向模糊、特殊模糊等。

（1）打开"飞机.jpg"图像文件，利用"魔棒工具"或"磁性套索工具"将飞机选中。

（2）选择菜单栏中的"滤镜"→"模糊"→"动感模糊"命令，在弹出的"动感模糊"对话框中设置参数：角度 0，距离 45。原图像与效果图分别如图 8-29（a）和图 8-29（b）所示。

(a) 原图像　　　　　　　　　　　　　　　(b) 最终效果

图 8-29 "动感模糊"滤镜的应用

3. 扭曲滤镜

"扭曲"滤镜组可以使图像产生各种几何变形，较好地模拟三维效果。"扭曲"滤镜组共包括 12 种滤镜，常用的效果有极坐标、水波、波纹、球面化和玻璃等。

（1）新建一个分辨率为 72dpi、像素为 400×200 的灰度模式图像，填充背景色为黑色。

（2）选择"文字工具"，输入白色的文字"燃烧字"。

（3）同时选择文字图层和背景图层，选择菜单栏中"图层"菜单下的"合并图层"命令。或者使用"栅格化图层"命令，将文字图层栅格化为普通图层，才能进行后续的滤镜操作。

（4）选择菜单栏中的"图像"→"图像旋转"→"90 度（逆时针）"命令，旋转整个图像。

（5）选择菜单栏中的"滤镜"→"风格化"→"风"命令，制作风吹效果。可以通过参数调整风吹的效果，也可以多次执行"风"滤镜，直到得到满意的效果。

（6）选择菜单栏中的"图像"→"图像旋转"→"90 度（顺时针）"命令，将图像重新旋转回来。

（7）选择菜单栏中的"滤镜"→"扭曲"→"波纹"命令，制作抖动效果。

（8）选择菜单栏中的"图像"→"模式"→"索引颜色"命令，将图像转换为索引模式。

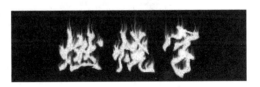

（9）选择菜单栏中的"图像"→"模式"→"颜色表"命令，打开"颜色表"对话框，在"颜色表"下拉菜单中选择"黑体"选项，单击"确定"按钮，效果如图 8-30 所示。

图 8-30 "燃烧字"效果图

【实战练习】

（1）为自己制作一张红色（RGB 值：R210、G10、B10）背景的证件照片，照片像素 2 000×2 800。

（2）搜集合适的背景素材，配以文字并使用滤镜效果，制作一张精美的书签。

（3）搜集一幅古建筑图像，配上适当文字，调整色调和色彩，制作黑白的效果。

（4）搜集网络安全相关素材，利用恰当的图像处理方法，制作信息安全宣传展板。

（5）搜集合适的素材，利用恰当的图像处理方法，设计并制作作业本封面。

8.2 实验2：视频编辑制作

【实验目标】

(1) 熟悉会声会影软件的界面。

(2) 运用会声会影软件进行视频、音频的剪辑。

(3) 运用会声会影软件为视频添加画中画和转场特效。

(4) 运用会声会影软件为视频添加音乐和字幕。

【知识梳理】

会声会影是 Corel 公司推出的影片剪辑软件，其精美的操作界面和革命性的新增功能可以带给用户全新的创作体验，本节以会声会影 2022 为例进行讲解。

1. 会声会影视频编辑三步骤

(1) 捕获：媒体素材可直接在"捕获"步骤中录制或导入计算机中。该步骤允许捕获和导入视频、照片和音频素材。

(2) 编辑："编辑"步骤和"时间轴"是会声会影的核心，可以通过它们排列、编辑、修整素材并为其添加效果。

(3) 分享：可以生成影片，并将影片导出到磁盘、DVD 或 Web 中。

2. 会声会影工作界面

会声会影 2022 的编辑界面由步骤面板、菜单栏、预览窗口、导览面板、工具栏、项目时间轴、素材库面板和选项面板组成，如图 8-31 所示。各部分功能简要介绍如表 8-1 所示。

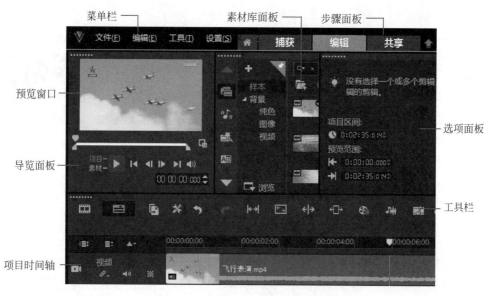

图 8-31 会声会影 2022 操作界面

表 8-1 各部分功能简要介绍

名　　称	功能及说明
步骤面板	包括捕获、编辑和分享按钮,分别对应视频编辑的不同步骤
菜单栏	包括文件、编辑、工具和设置菜单,提供不同的命令集
预览窗口	显示了当前项目或正在播放的素材的外观
导览面板	提供回放和精确修整素材的按钮
工具栏	可在故事板视图和时间轴视图之间切换,以及其他快速设置的按钮
项目时间轴	显示项目中使用的所有素材、标题和效果
素材库面板	存储和组织所有媒体素材
选项面板	包含控制按钮,以及设置所选素材的其他信息。该面板的内容会有所不同,取决于所选媒体素材的性质

3. 时间轴视图主要功能

时间轴视图主要功能如表 8-2 所示。

表 8-2 时间轴视图主要功能

名　　称	功　　能
视频轨	包含视频、照片、色彩素材和转场
覆叠轨	包含覆叠素材,可以是视频、照片、图形或色彩素材
标题轨	包含标题素材
声音轨	包含画外音素材
音乐轨	包含音频文件中的音乐素材

✍小贴士

将鼠标停留在某一功能按钮上,会出现该按钮功能提示。

将鼠标放置在缩放控件或时间轴标尺上,使用滚轮可以放大和缩小"项目时间轴"。

【实验内容】

任务描述:通过网络搜索并下载飞行表演的视频和图片素材进行剪辑与加工,并配乐《我爱祖国的蓝天》,制作相应字幕,生成最终视频文件。

【实验指导】

1. 导入视频素材

(1)使用"编辑"步骤,单击"导入媒体文件"按钮,如图 8-32 所示。导入计算机中下载的视频源素材"飞行表演.mp4"。此时,将在素材库面板中出现"飞行表演.mp4"的缩略图,如图 8-33 所示。

(2)用鼠标将素材拖曳至时间轴的"视频轨"上,此时在预览窗口中可以播放视频,如图 8-34 所示。

✍小贴士

会声会影软件自带部分片头素材(可在素材库面板中查看),方便用户加在视频前作为影片片头。用户也可以自制或利用网络搜集更多片头素材,丰富视频效果。

图 8-32 导入素材

图 8-33 素材库面板

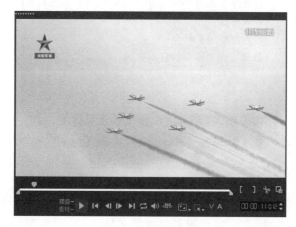

图 8-34 预览窗口

2. 剪辑视频

（1）在时间轴上方的时间标尺上，通过鼠标单击的方式，定位剪切视频的分割点，如图 8-35 所示的步骤 1，此时在分割点上方出现一个白色倒三角形。

（2）使用预览窗口中的"剪刀"工具，如图 8-35 所示的步骤 2，对视频进行剪切。根据需要可进行多次剪切。

（3）选中要删除的视频片段，右击"删除"或使用 Delete 键删除。

小贴士

为精确剪切视频，可使用预览窗口中的 ◀▏▏▶ 工具，对剪切点进行微调。

3. 制作视频覆叠特效

在影视作品中经常会看到一个画面中显现出另一个画面，即画中画效果，利用覆叠轨

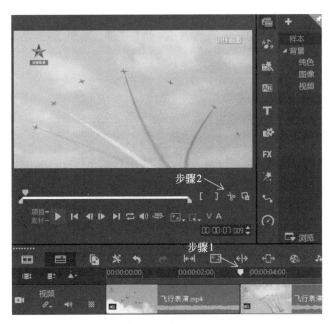

图 8-35　剪辑视频

即可完成此效果,使画面内容更加丰富,更具观赏性。

（1）导入另一个画面素材,方法同上。

（2）将画中画素材拖曳至时间轴的覆叠轨上,本例中选用了红鹰飞行表演队的教 8 教练机,在预览窗口中将会出现如图 8-36 所示的效果,适当调整大小和位置。

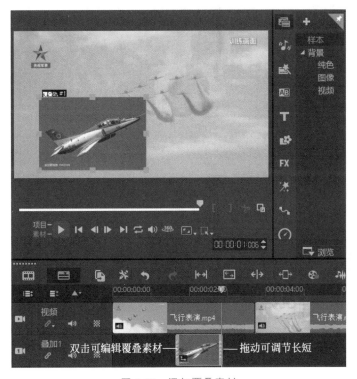

图 8-36　添加覆叠素材

（3）双击覆叠轨上的素材缩略图，则激活覆叠素材选项面板，如图 8-37 所示，在选项面板中可以对覆叠素材进行更加详细地设置，如进入退出的方向、遮罩和色度、淡入、淡出等。

图 8-37　覆叠素材选项面板

（4）为使新添加的图片或视频素材连续显示在画面上，可以用鼠标拖曳素材的边缘，增加或缩短素材播放时间。

4. 添加音频

在视频编辑中，声音是影片不可缺少的元素，可以起到画龙点睛的作用，也可以增加画面的可视听性。音频文件也可以导入并进行剪辑。

（1）单击"导入媒体文件"按钮，导入计算机中的音频文件，也可以用会声会影自带的音频素材，将其拖放到音乐轨上。

（2）使用工具栏中的"混音器"和"自动音乐"按钮，可对音频进行详细设置，如调整音量、添加淡入、淡出效果等，如图 8-38 所示。

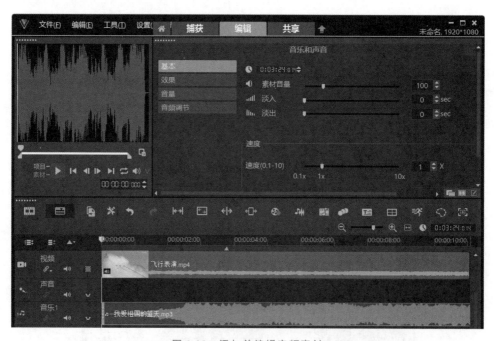

图 8-38　添加并编辑音频素材

✍小贴士

若要去除视频素材中原有的背景声音,可将视频和音频进行分离。其步骤是:在时间轴上右击视频文件,选择"分离音频",如图 8-39 所示。此时可发现,背景声音分离出来并自动添加到了"声音轨"上,将其删除后即可消除原视频中的声音,分离音频后的效果图如图 8-40 所示。

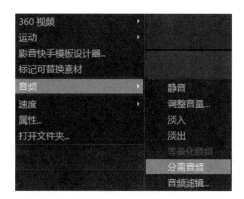

图 8-39　分离音频

图 8-40　分离音频后效果图

5. 添加标题和字幕

影片编辑完成后,还需要为影片制作标题、字幕等,可以有效地帮助观众理解影片。用户可以自己编辑标题,也可以使用预设的标题。

单击素材库中的"标题"按钮,切换至"标题"素材库,如图 8-41 所示。

(1) 使用会声会影预设的标题样式。挑选适合的标题样式,右击,在快捷菜单中选择"插入到"→"标题轨♯1"。

(2) 用户自定义添加标题。双击预览窗口中的"双击这里添加标题"提示字样,输入标题文字,并可以在右侧选项面板中修改颜色、字号、背景、对齐方式等设置。

6. 添加视频转场特效

在影片编辑过程中,有时候觉得素材之间的衔接比较突兀,可以使用转场效果来连接,使影片看起来更加流畅、自然。

(1) 单击素材库中的"转场"按钮,切换至转场素材库。

（2）单击下拉箭头，挑选合适的转场效果，将其拖曳到时间轴上两个素材之间（视频和图片均可），即可添加转场效果，如图 8-42 所示。

图 8-41　添加标题和字幕

图 8-42　添加转场效果

（3）双击两个素材之间的转场效果，可进一步设置，如转场效果持续时间等。

7. 文件分享输出

影片制作完成后，为了能与更多人分享，需要将影片创建成视频文件，具体步骤如下。

（1）单击"分享"按钮，切换到分享步骤选项面板。

（2）单击"创建视频文件"按钮，在弹出的快捷菜单中选择"自定义"选项，根据需要选择保存的位置和文件名，开始进入渲染阶段，如图 8-43 所示。

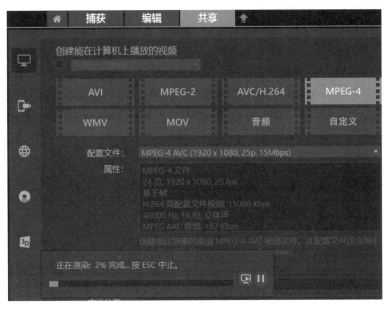

图 8-43 视频文件共享、渲染

【实战练习】

(1) 搜集素材(主题自选),制作微电影,适当添加音乐、旁白和字幕。

(2) 搜集学习生活照片,制作电子相册,记录别样青春。

8.3 综合实验

【实验目标】

(1) 进一步熟悉 Photoshop 和会声会影软件的相关操作。

(2) 熟练运用互联网获取素材,进行艺术创作。

【实验内容】

以会声会影和 Photoshop 作为主要设计工具,制作《我的家乡》宣传片,图片、视频、音频、字幕等内容充分体现家乡特色,富有感召力。

(1) 从互联网上搜集相关图片和视频素材。

(2) 统一修改图片大小(800 像素×600 像素)。

(3) 利用 PS 套索、魔棒等工具进行抠图,制作一张家乡"地标"的透明背景图片,图片存储为.png 格式。

(4) 综合运用蒙版、文字工具、图层样式或滤镜等特效,设计宣传片的封面。

(5) 在会声会影软件中新建影片,导入以上的图片素材。

(6) 将"地标"添加到每张图片的左上角(画中画)。

（7）为图片之间适当添加转场效果。

（8）对视频素材进行适当剪辑。

（9）为宣传片插入适当的背景音乐。

（10）为宣传片添加适当的字幕。

（11）分享并创建视频文件。

参 考 文 献

［1］ 周海芳,周竞文,谭春娇,等. 大学计算机基础实验教程［M］. 2 版. 北京：清华大学出版社,2018.

［2］ 刘畅. Office 2016 办公应用从入门到精通［M］. 北京：中国铁道出版社,2019.

［3］ 储岳中,薛希玲,等. Python 程序设计实践教程［M］. 北京：人民邮电出版社,2020.

［4］ 战德臣,张丽杰,等. 大学计算机——理解和运用计算思维［M］. 北京：人民邮电出版社,2023.

［5］ 王坚,唐小毅,柴艳妹,等. MySQL 数据库原理及应用［M］. 北京：机械工业出版社,2020.

［6］ 李臻,王艳,刘树超. 计算机网络基础及应用案例教程［M］. 北京：人民邮电出版社,2020.

［7］ 安继芳,侯爽. 多媒体技术与应用［M］. 北京：清华大学出版社,2020.

［8］ 张继成. 计算机组装与维护［M］. 北京：中国铁道出版社,2021.

［9］ 夏敏捷. Python 爬虫超详细实战攻略［M］. 北京：清华大学出版社,2021.

［10］ 江红,余青松. Python 程序设计与算法基础教程［M］. 北京：清华大学出版社,2019.

［11］ 埃里克·马瑟斯. Python 编程从入门到实践［M］. 2 版. 北京：人民邮电出版社,2021.

［12］ 李暾,毛晓光,刘万伟,等. 大学计算机基础［M］. 4 版. 北京：清华大学出版社,2023.

［13］ 桂小林. 大学计算机 计算思维与新一代信息技术［M］. 北京：人民邮电出版社,2022.

［14］ 谢涛,等. 大学计算机技术、思维与人工智能［M］. 北京：清华大学出版社,2022.

［15］ 赵明渊. MySQL 数据库基础与应用［M］. 北京：电子工业出版社,2022.

［16］ 张学建. 案例学 Python［M］. 北京：清华大学出版社,2023.